◆ 湖北省第二次全国污染源普查资料文集 ◆

湖北省第二次全国污染源普查
工作总结报告

湖北省第二次全国污染源普查领导小组办公室 编

长江出版社
CHANGJIANG PRESS

图书在版编目（CIP）数据

湖北省第二次全国污染源普查工作总结报告 / 湖北省第二次全国
污染源普查领导小组办公室编. —武汉 : 长江出版社，2020.9
（湖北省第二次全国污染源普查资料文集）
ISBN 978-7-5492-7229-7

Ⅰ．①湖… Ⅱ．①湖… Ⅲ．①污染源调查－工作总结－湖北 Ⅳ．① X508.263

中国版本图书馆 CIP 数据核字 (2020) 第 187995 号

湖北省第二次全国污染源普查工作总结报告
HUBEISHENGDIERCIQUANGUOWURANYUANPUCHAGONGZUOZONGJIEBAOGAO
湖北省第二次全国污染源普查领导小组办公室　编

责任编辑：高婕妤
装帧设计：王聪
出版发行：长江出版社
地　　址：武汉市江岸区解放大道 1863 号
邮　　编：430010
网　　址：http://www.cjpress.com.cn
电　　话：027-82926557（总编室）
　　　　　027-82926806（市场营销部）
经　　销：各地新华书店
印　　刷：武汉科源印刷设计有限公司
规　　格：880mm×1230mm
开　　本：16
印　　张：2
彩　　页：16
字　　数：92 千字
版　　次：2020 年 9 月第 1 版
印　　次：2021 年 5 月第 1 次
书　　号：ISBN 978-7-5492-7229-7
定　　价：24.00 元

湖北省第二次全国污染源普查
工作总结报告

编写委员会

总　　编　　吕文艳

主　　编　　周水华

执行主编　　汪新华　　邓楚洲

编写人员　　（以姓氏笔画为序）

　　　　　　文　威　　邓楚洲　　刘　畅　　许典子　　朱进风

　　　　　　李　三　　李　涛　　佘　璐　　宋亚雄　　易　亮

　　　　　　郭　睿　　徐中品　　袁俊雅　　程　怡　　雷　旭

　　　　　　谭学梅　　谭　勇　　颜　凤

校　　核　　李晓斌　　文　威

审　　核　　汪新华　　李　三　　邓楚洲

审　　定　　周水华

前言

PREFACE

第二次全国污染源普查(以下简称"普查")是全面建成小康社会决胜阶段的一次重大国情调查,是践行习近平生态文明思想的一次实践活动,是贯彻落实长江经济带"共抓大保护、不搞大开发"指示,开展长江生态大普查的重要举措,完成普查工作作为一项重大政治任务,被列入中共中央政治局常委会2019年工作要点。根据党中央、国务院的决策部署,在生态环境部的统筹组织和指导下,在湖北省委、省人民政府的坚强有力领导下,省生态环境厅牵头组织实施全省普查工作,通过省直各成员单位、各级人民政府、相关部门和各级普查机构的共同努力,在广大普查人员全面、真实、准确、细致地调查以及普查对象的积极配合与参与下,历时四年,查清了湖北省污染源数量、分布、基本信息、生产活动水平、污染治理水平和污染物产生排放量,摸清了湖北省长江生态环境和"美丽湖北"建设的污染源家底,圆满完成了《第二次全国污染源普查方案》和《湖北省第二次全国污染源普查实施方案》规定的工作任务,实现了全部普查目标。

普查工作结束后,湖北省进行了全面工作总结,编写了《湖北省第二次全国污染源普查工作总结报告》。在编制过程中,征求了湖北省第二次全国污染源普查领导小组成员单位和省档案局、省生态环境厅有关处室的意见,得到了蔡俊雄、李兆华、侯浩波、龚胜生、胡荣桂、李晔、张彩香、毛北平、张斌、范先鹏、黄茂等专家的悉心指导和斧正。湖北省环境信息中心、湖北省生态环境科学研究院、中南安全环境技术研究院股份有限公司、华中农业大学资源与环境学院、湖北大学资源环境学院、华中师范大学城市与环境科学学院、长江水利委员会水文局长江中游水文水资源勘测局、武汉智汇元环保科技有限公司、武汉坤达安信息安全技术有限公司等单位对本书编制工作给予了大力协助,在此一一表示感谢。

本书内容较多,难免出现疏漏和不足之处,敬请读者批评指正!

编者
2021年4月

目录

CONTENTS

1 普查工作总体情况

根据国务院关于《开展第二次全国污染源普查的通知》(以下简称《普查通知》)、《第二次全国污染源普查方案》(以下简称《普查方案》)的精神和要求,在国务院第二次全国污染源普查领导小组办公室(以下简称"国家普查办")的统筹安排下,湖北省污染源普查工作从 2017 年 8 月正式启动,成立了以分管副省长任组长,18 个省直部门和单位、5 个中央驻鄂单位、省军区保障局为成员单位的湖北省第二次全国污染源普查领导组织机构(以下简称"省普查领导小组"),全省共成立普查领导组织机构 219 个,各级普查领导小组成员单位 2927 个。组建了湖北省第二次全国污染源普查领导小组办公室(以下简称"省普查办")工作专班,制订了湖北省污染源普查工作要点,明确普查工作责任,建立健全了普查工作机制,编制并印发了《湖北省第二次全国污染源普查实施方案》(以下简称《省实施方案》),同时积极组织部分市(州)、直管市、神农架林区[以下简称"市(州)"]和县(市、区)(以下简称"县")级普查机构参与污染源普查试点和产排污量核算软件试算等工作。

根据《省实施方案》,普查划分为前期准备、全面普查和成果总结发布三个阶段。在湖北省委、省人民政府的有力领导下,在省普查领导小组的安排和部署下,湖北省积极推进普查工作,主要工作概况如下:

(1)前期准备阶段

组织各市(州)、县级普查机构落实经费保障,开展前期准备阶段技术培训和普查宣传动员,进行普查员、普查指导员(以下简称"两员")选任、考试和发证,建立"两员"管理台账和管理信息系统,加强普查队伍建设。2018 年 1 月,全省启动普查基本单位名录清查(以下简称"清查")工作,推行和落实国家普查办《第二次全国污染源普查清查技术规定》的要求,制定《湖北省第二次全国污染源普查名录清查实施方案》,细化和完善清查技术规则,开展清查技术培训、普查区和普查小区划分、清查基本单位名录底册筛选整理下发、清查基本单位入户摸底、清查表填报、伴生放射性矿企业初测、入河排污口监测调查、生活源锅炉(后根据《关于印发〈第二次全国污染源普查公报审核技术规定〉的通知》文件改为非工业企业单位锅炉,以下简称"非工业锅炉")清查、清查数据审核及质量核查等工作,进行普查地理空间信息采集,深化开展普查宣传,充实"两员"队伍,选聘"两员"人员 11099 名。至 2018 年 8 月,初步建成了全省普查基本单位名录信息库和普查地理空间信息图系统。

(2)全面普查阶段

根据《第二次全国污染源普查制度》《第二次全国污染源普查技术规定》等相关技术规范,结合《省人民政府关于开展第二次污染源普查的通知》(以下简称《省普查通知》)、《省实施方案》的要求和工作实际,制定了《湖北省第二次全国污染源普查全面普查阶段工作实施方案》,推行国家普查办制定的普查报表制度和全面普查技术规范,创新工作方法,细化和落实普查责任,加强工作调度和督导,强化数据审核和质量控制,发挥网络技术的支撑性作用,将报表数据录入国家普查办普查数据采集与管理系统,高效优质完成了入户调查,普查报表数据采集、录入、产排污量核算、数据汇总和质量核查等工作任务,建立了全省普查数据库,并利用普查报表数据持续开展普查基本单位名录信息比对审核和问题整改,完善了全省普查基本单位名录信息库和普查地理空间信息图系统,共确定 11 万余个普查对象,录入普查报表 49 万余份,主要数据 267 余万条,完成普查数据在线录入、存储、检索、查询和汇总。

(3)成果总结发布

根据国家普查办安排,从 2019 年 9 月开始,湖北省对普查工作进行全面系统的总结。2020 年,统筹推进新型冠状病毒肺炎(以下简称"新冠肺炎")疫情防控和普查工作,强化组织领导,组织编制了《湖北省第二次全国污染源普查公报》(以下简称《省普查公报》)和工作总结报告、技术报告、普查数据图谱、普查资料汇编、成果应用开发技术报告、数据审核报告、质量核查报告、第三方评估报告、产排污核算方法适用性论证报告等 9 个支撑性总结材料。《省普查公报》通过省领导小组成员单位联合审议、省生态环境厅厅长办公会审议和生态环境部第二次全国污染源普查工作办公室(以下简称"部普查工作办")审核后,省政府于 2020 年 11 月 11 日公开发布。

省普查办组织完成了对各市(州)普查工作的验收,湖北省普查工作顺利通过国家普查办验收,并对接国家普查数据系统,开发和建立以普查基本单位名录信息库、普查数据采集和录入管理系统(普查数据库)、普查地理空间信息图系统和普查档案(以下简称"二库一图一档")为核心内容的全省普查数据信息系统。落实普查数据为用而查的要求,查用结合、边查边用,以用促审,充分发挥普查数据对生态环境管理决策的支撑作用,实现了普查工作圆满收官。

2 普查工作的主要做法及成效

2.1 成立普查机构

为落实《普查方案》的相关要求,2017 年 6 月,省环境保护厅(现为省生态环境厅)组建了厅第二次全国污染源普查工作办公室(以下简称"厅普查工作办"),与省普查办为一套工作班子,合署办公,由分管普查工作的厅领导担任办公室主任,下设综合组、督办组、技术组和宣传组。2019 年 5 月,根据厅机构改革和厅领导分工调整的情况,对省普查办主任进行了调整。各市(州)、县级生态环境部门均成立了普查工作办公室,形成了省、市(州)、县三级普查机构组织网络。全省共成立普查机构 219 个,普查机构工作人员 1564 人。普查领导小组成员单位 2927 个,召开普查领导小组会议 389 次,召开普查领导小组办公室会议 1103 次。全省各级普查机构组建及工作人员配置情况详见附表 1。

2.2 制定普查方案

湖北省全面落实《普查方案》的有关要求,在广泛征求意见和充分咨询论证的基础上,省普查办会同有关部门编制了《省实施方案》,经省生态环境厅审议后报省人民政府,于 2018 年 3 月 26 日印发。《省实施方案》以国家普查方案为基本遵循,明确了普查目标、任务、对象、范围、内容、方法、组织实施、数据处理、质量控制、成果发布应用、表彰和处罚等方面的规定,明确了普查工作的组织实施方法和各部门职责分工,对普查经费保障、普查质量管理提出了具体要求。结合湖北省实际,普查内容增加了垃圾和危险废物焚烧业废气及飞灰中的二噁英污染物排放情况、中央生态环境保护督查组交办重点问题领域专项专题普查等内容;细化了技术路线、组织实施、经费保障、质量管理、重点流域、重点区域、重点行业等方面的具体要求,力求明确普查目标,理清工作思路,规范技术方法,细化工作步骤,压实工作责任,突出工作重点,提炼地方特色,既符合国家普查办统一部署,又体现了国家普查办领导提出的省级实施方案不能与国家方案"一般粗",要"具体化、可实施"的要求。

根据《省普查方案》中各项工作任务安排和进度要求,编制了《湖北省第二次全国污染源普查工作要点》《湖北省第二次全国污染源普查名录清查实施方案》《湖北省第二次全国污染源普查宣传方案》《湖北省农业污染源普查方案》等,制定了 2018 年工作要点、2019 年度工作计划及后续工作要点、2020 年度工作要点和重点阶段的月工作计划。全省各级人民政府均印发了普查实施方案,明确了各级普查机构和各成员单位的主体责任及监督责任等,结合当地实际细化了普查工作内容、目标要求、技术路线、工作方法、指标标准、流程规范和注意事项。全省共制定普查实施方案和工作计划 511 份。

2.3 选聘普查"两员"

根据《关于第二次全国污染源普查普查员和普查指导员的选聘及管理工作的指导意见》的相关要求，省普查办印发了《关于加强和规范湖北省第二次全国污染源普查普查员和普查指导员选任及管理工作的实施细则》，各市(州)、县级普查机构印发了"两员"选任及管理文件，组织选聘"两员"。发动基层网格力量，引入高校、专业技术机构等第三方技术服务机构共计 328 家，整合多方人力资源，组建了全省"两员"队伍，共选聘"两员"11099 人，其中普查员 8116 人，普查指导员 2983 人。全省"两员"选聘情况见附表2。

2.4 开展普查技术培训

湖北省普查办高度重视普查培训工作，按照《关于第二次全国污染源普查普查员和普查指导员选聘及管理工作的指导意见》及《省实施方案》的要求，结合湖北省普查各阶段的工作重点，印发了《湖北省第二次全国污染源普查培训工作方案》，建立了普查培训制度，强化培训师资力量的配备，在全省征集和遴选了 30 名资深专业技术人员，建成培训师资库。对各阶段的培训工作进行提前谋划，采用省、市(州)、县分级培训的方式，即省级普查工作人员和市(州)普查业务骨干必须经过国家培训，市(州)级普查人员及县级普查业务骨干必须经过省级培训，县级普查人员及乡镇、街道业务骨干必须经过市(州)级培训，县级普查机构根据需要对当地普查员、数据录入员和重点普查对象进行培训。各级普查机构组织培训的内容涵盖了政策方案解读，宣传、档案、保密等管理要求解读，入户普查及信息采集、数据审核、汇总审核、报告编制等经验分享交流，覆盖了普查工作的全部内容，有针对性地解决了普查工作中的重难点问题，夯实了全省普查工作基础。

通过集中办班、视频培训、技术交流、现场指导等多种方式进行培训，全面提升普查工作人员综合理论素质水平。进行集中和视频培训时，加强培训过程和效果管理，均提供了完整课件，规范培训人员签到、交流互动和授课效果评议等流程。开发省级普查数据信息系统培训功能模块，集成上线国家、省普查办培训教材和有关普查专业知识，供广大普查工作人员上线自学。全省共组织培训 776 班次，参加培训人数 57205 人次。全省普查培训工作开展情况见附表3。

2.5 落实普查经费

根据《第二次全国污染源普查项目预算编制指南》的有关要求，为保障普查工作的正常开展，印发了《省污普办关于规范第二次污染源普查财政预算落实普查经费的通知》和《湖北省环境保护厅第二次全国污染源普查专项资金管理办法》，指导全省各级普查机构印发本级普查工作资金管理办法，规范普查资金使用。根据分级保障原则，在全省各级财政部门的支持下，将普查经费预算列入本级部门预算，由同级地方财政根据工作需要统筹安排，落实了普查资金。为落实《全国农业污染源普查方案》中的相关要求，省各级农业污染源普查机构积极与同级财政部门协商，保障了农业源普查经费足额落实到位。全省共落实污染源普查经费 4.141 亿元,其中生态环境部门落实经费 3.864 亿元,农业部门落实经费 0.250 亿元,省级林业部门落实经费 0.027 亿元。

2.6 开展普查工作宣传

为深入开展普查宣传工作,营造良好的舆论氛围,保障普查工作顺利开展,省生态环境厅联合中共湖北省委宣传部印发《关于做好湖北省第二次全国污染源普查宣传工作的通知》(包括《湖北省第二次全国污染源普查宣传方案》《湖北省第二次全国污染源普查领导小组办公室宣传计划》)。全省各市(州)积极响应,均印发了宣传计划(方案),利用电视、广播、报纸、网站等主流媒体和"两微一端"、公交、出租车、室外大屏幕、短信等多种形式进行宣传;在《湖北日报》专版刊印普查政策和实施方案解读,摄制省普查公益宣传片,在湖北卫视、湖北公共新闻频道和武汉火车站等人流集中的繁华地段播放;组织特色主题宣传,2018 年 6 月录制普查《在线访谈》节目,世界环境日期间,结合"美丽中国,我是行动者"的活动主题,开展普查广场、网络、视频、展板宣传,号召全社会支持和参与普查;通过普查宣传进机关、进村社、进企业和印发"致普查对象的一封信",加强对普查对象的宣传,强化依法履行普查的责任意识,提高公众和普查对象对普查工作的理解和支持;武汉市利用银行、商场、酒店、公共交通等多种形式开展宣传,宜昌市开展大规模街头视频宣传,荆门市钟祥市发放了 10000 份给普查对象的一封信,武汉市黄陂区签订出租车车顶 LED 广告,悬挂宣传布标 1358 条,宜昌五峰土家族自治县通过电视、短信平台宣传普查信息。全省形成了良好的普查氛围。

据统计,全省在有关报纸杂志上发布普查信息 221 条,设置普查专栏 377 个、网站网页 395 个,印发工作简报 1454 期,召开专题会议 468 次,制作宣传标语 8965 幅、海报 31832 幅、宣传画 38945 幅,发放公开信 153391 封、户外广告 24502 个、小视频 215 个。通过多种形式的宣传,湖北省普查工作得到了全社会公众的广泛关注和支持。全省普查宣传工作情况见附表 4。

2.7 强化普查档案管理

2.7.1 强化组织和调度,有序推进普查档案整理归档工作

湖北省将普查档案管理工作纳入普查重点工作,与入户调查、数据采集、录入、产排污核算、数据汇总建库、数据质量控制等重点工作同步组织实施和调度,召开档案管理专题会议 291 次。实行"五日一审"和周调度,重点审核和调度普查制度建设、档案整理归档卷宗类及件数和"三种状态"[①]普查对象的五项佐证材料[②]、更新后签字盖章清查表、定库后专网下载签字盖章普查报表归档情况。组织省级专业团队进行责任制审核、不定期现场抽查核实,审核结果列入"五日一审"分析报告。全省共进行档案管理"五日

---

① 全面停产、关闭、其他。
② 状态情况说明、场址区域地理坐标、周围环境或场地图片、场址所在地乡镇或行政村证明、市(州)和县普查办确认函。下同。

一审"和周调度 46 批次,有效加快了档案整理和归档进度,提升了档案质量。

加强对基层普查机构档案管理工作的指导。由生态环境厅负责档案管理的有关领导带队,对市(州)普查档案管理工作进行专项调研。在普查工作调研帮扶、数据质量提升指导、数据质量核查和第三方评估时,均将档案整理归档情况作为重点内容。在省级普查验收实施方案中,将档案管理单列为考核加分项,要求市(州)普查机构编写验收自评估报告时,对档案管理情况进行专题分析,上报验收材料时,报送档案归档清单和重点档案扫描件,与普查工作验收同步审验。

做好普查档案移交工作。省普查办在充分征求省档案局和生态环境厅档案室意见的基础上,制定了《湖北省第二次全国污染源普查档案验收和移交实施方案》,逐项细化了前期准备、清查建库、入户调查、产排污核算、数据汇总、成果总结发布和验收等各阶段普查档案归档移交的主要范围,列出档案归档和移交工作的内容清单,进一步明确了责任分工和工作流程,细化了归档文件质量标准,明确普查档案接收和验收的主体责任,全省污染源普查档案顺利移交到省生态环境厅档案室,普查档案管理信息系统与厅档案管理系统实现对接集成,做到了文件材料分类科学、分件合理,保管期限划分准确,卷内文件排列有序、目录清晰。

全省共整理归档普查档案文件 273795 件,其中管理类 50729 件、污染源类 201223 件、财务类 692 件、声像档案 17925 件、电子档案 647 盘、实物类 1686 件、其他类 893 件。

2.7.2 建立健全普查档案管理制度体系,细化归档分类标准

本次普查对象、普查制度、技术方法、技术手段和档案管理法律法规发生了很大的变化,对普查档案管理提出了全新的要求,为此,国家普查办下发了《污染源普查档案管理办法》《污染源普查档案管理工作中的关键问题及处理方式》等一系列技术规范,作为普查档案管理的基本遵循。湖北省严格落实上述普查档案管理技术规范的要求,健全和规范了普查档案管理制度体系,共印发档案管理规范性文件 342 份,所有县级及以上普查机构均建立了相应的档案管理制度。

2018 年 6 月,省生态环境厅和省档案局联合下发了《关于加强和规范湖北省第二次全国污染源普查档案管理的通知》,要求各级普查机构完善档案设施设备,建立健全档案管理规章制度,加强人员培训,充分与当地档案管理部门对接协调和沟通,请档案管理部门加强对普查机构档案管理工作的指导,参与普查档案检查验收。

2019 年 5 月,省生态环境厅和省档案局联合下发了《湖北省第二次全国污染源普查档案管理实施细则》(以下简称《省污染源普查档案实施细则》),明确了工作职责、归档范围、时限、质量要求、整理方法、保管、利用、验收、移交等方面内容,细化了档案归档技术规范,建立了普查档案制度和规范规章,指导各级普查机构提高普查档案收集、整理、归档的规范性、科学性及可操作性。国家普查办对湖北省档案管理工作进行专题调研时给予充分肯定,并特邀湖北省在两期全国普查档案管理培训班上进行了经验交流。

2019 年 7 月,省普查办印发了《湖北省第二次全国污染源普查领导小组办公室关于进一步做好档案管理工作的通知》,作为《省污染源普查档案实施细则》的补充,进一步明确归档内容,加快推进普查档案整理和归档工作,提高档案质量。

2.7.3　夯实基本保障，提升档案管理能力

（1）人员保障

湖北省健全档案管理机构和工作网络，加强技术培训，明确档案管理责任领导和具体责任人，配齐档案管理人员。省普查办建立了主要负责人为第一责任人、省档案局全面参与和指导、综合组具体负责、其他内设机构分工协作的普查档案管理工作机制，配备档案管理专职人员 3 名，引入普查档案管理第三方机构具体承担档案收集、整理和归档工作。全省共配备档案管理专职人员 199 人，建立档案管理工作网络 114 个，形成健全的档案管理工作协调联动网络。

（2）经费及装备保障

全省落实档案管理专项经费 733.33 万元，购置密集架或档案柜 637 组，配备专用档案库房，配置档案柜 19 组、空调 1 台、除湿机 1 台、防磁柜 1 台，落实"十防①"措施。

（3）信息化系统保障

为统筹谋划和推进档案管理信息化系统建设，全省开发和安装档案管理系统共 117 套，省普查办组织定向开发了湖北省第二次全国污染源普查档案管理信息系统，所有归档档案目录均录入信息系统，需永久和定期 30 年以上保管的档案均进行数字化扫描并挂接到该系统，为普查档案管理、查询和普查数据更新打好基础。档案移交前链接到生态环境厅机关"书亚 i 档案数字化档案室管理系统"，各基层普查档案信息化系统按照当地档案馆、生态环境部门档案室要求进行对接构建。

（4）培训保障

省普查办强化档案管理技术支撑，加强专业培训，不断提高档案管理人员的专业技术理论水平和实际操作能力。从省内高校、各级档案管理部门、生态环境保护部门档案管理机构征集专家，建立了湖北省档案管理专家库。省档案局全面参与和指导普查档案管理工作，多次派出有关专家参加普查档案管理培训教学，指导普查档案整理。普查档案管理专项培训与普查技术培训统筹谋划，同步启动和推进，全省共组织有关培训 197 班次，培训 5358 人次。

2.7.4　统一技术规范，保障普查资料整理归档工作质量

《省污染源普查档案实施细则》将普查档案分为管理类档案、污染源类档案、财务类档案、声像实物类档案、其他类共 5 类，保管期限上分为永久、定期 30 年、定期 10 年，同时统一和细化各门类档案的整理技术规范，从根本上保障了普查文件整理归档工作质量。

（1）管理类档案

细化了普查机构组织开展培训，委托第三方开展审核、检查、核查、评估等质量控制过程文件的归档范围，将普查试点工作及专项专题普查工作文件纳入管理类文件归档范围，明确和扩充了管理类文件收集归档范围。

---

①国家《档案法》及《档案法实施管理办法》中档案安全保护的"十防"：防高低温、防盗、防火、防水、防虫、防鼠、防尘、防光、防霉、防污染。

（2）污染源类档案

纳入普查范围的普查基本单位的清查入户走访记录、报表数据填报录入现场记录、清查定库的清查表、经过清查后被剔除未纳入普查范围的清查基本单位的相关纸质版佐证材料；入户调查记录、与普查对象沟通文函、普查数据库定库普查对象普查报表、过程修改稿和相关支撑性材料；标注为"全面停产、关闭、其他"三种状态的普查对象的五项佐证材料；国家普查办下发清查基本单位底册名录、全省增补清查基本单位名录、全省正式下发清查基本单位名录、清查剔除清查基本单位名录、清查建库普查基本单位名录、全面普查阶段增补和删除普查基本单位（普查对象）名录清单表格。按报表制度规范签字盖章后归档。

（3）财务类档案

重点整理归档普查机构年度预算、专项项目招标、委托合同及预算执行情况等文件，其他有关财务管理档案由行政主管部门财务机构归档。

（4）声像实物类档案

收集普查过程中的电子、实物和其他类型载体的材料，将各种培训、会议、调研、质量控制、宣传等工作照片纳入重点收集范围。

2.8　严格普查质量控制

2.8.1　建立质量控制体系

根据国家普查办《关于普查数据库各类普查对象状态问题的处理意见》《关于做好普查入户调查和数据审核工作的通知》《关于进一步做好第二次全国污染源普查质量控制工作的通知》《关于第二次全国污染源普查质量管理工作的指导意见》《关于印发〈第二次全国污染源普查质量控制技术指南〉的通知》和清查阶段、全面普查阶段开展质量核查的有关要求，印发了《湖北省第二次全国污染源普查质量控制实施方案》《关于进一步加强普查对象名录、数据审核和产排污量核算比对管理工作的通知》《省普查办关于进一步加强产排污核算和数据汇总阶段数据质量控制的通知》等一系列文件，形成完整的普查质量控制制度，细化和量化质量考核评估指标，优化质量控制技术路线和流程，创新普查质量控制方法。

2.8.2　建立质量管理责任体系

建立健全质量管理体系，明确质量管理岗位责任制，压实普查对象、普查员、普查指导员、普查机构质量负责人、普查机构主要负责人、数据审核和评估技术团队、有关成员单位等7个质量控制责任主体及省、市（州）、县三级普查机构的质量控制主体责任，各级普查机构均确定了质量负责人和责任部门，建立了县级普查机构自查自审，省、市（州）集中审核，现场抽样复核，下沉重点帮扶，难点问题集中解决、突出问题专项督导的分级质量管理责任体系。

2.8.3　建立普查数据质量溯源制度

全省各级普查机构均建立了普查数据质量溯源制度，做到了普查数据填报、审核、整改、交接、核查等各环节工作记录完整并签字盖章。细化和完善质量控制流程，报表填报责任单位经填报人自审、审核人审核和单位负责人审定后,普查对象盖章,有关人员签字;县级普查机构责任普查员自审、指导员审核、质量管理责任部门审核、机构组织自查、同级成员单位联审、普查机构质量负责人审定后,普查机构和有关单位对审核结果进行盖章、相关负责人签字;省、市(州)级普查机构质量管理责任部门审核、普查机构组织核查、同级成员单位联审、质量负责人审定后,普查机构和有关单位对审核结果进行盖章,有关人员签字,确保了质量管理责任落实到人。

2.8.4 创新数据审核方法

在普查过程中全面落实国家普查办数据审核及质量控制技术规范的要求,结合实际进行优化创新,采取集中审核、交叉审核、驻点重点帮扶、现场调研指导、专家案头审核、普查数据系统软件审核、Access软件审核、部门联审等审核方式,系统推行"五日一审""两日预警"及集中封闭审核、分阶段质量核查和第三方评估等质量控制制度,形成了"七边同步"①的数据质量控制工作机制。省普查办分片区、分污染源类型安排专业技术人员负责数据审核。

创新普查基本单位名录信息审核方法,优化技术路线,推行全过程、多方位、多方法比对和"七表②合一",完善普查基本单位名录信息库。在清查阶段和全面普查阶段分别进行了普查基本单位名录信息"14项"比对和"11项"比对,编列了各普查基本单位名录"七表"。比对普查数据库定库数据,分析一致性、逻辑性和关联性,重点比对审核"三种状态"普查对象名录信息,收集整理、反复核实和完善五项佐证材料。对清查建库普查基本单位名录及信息进行更新,形成完整准确的普查基本单位(普查对象)名录清单,实现名录数量"七表合一",在持续进行名录信息审核和问题整改的基础上,查漏补缺,形成与普查数据库普查对象目录信息一致的普查基本单位名录信息库,确保"应查尽查、不重不漏"。

持续开展普查数据"五日一审"和"两日预警"。在全面普查数据录入、产排污核算和数据汇总阶段,由省普查办组织省技术团队,采取"五日一审"和"两日预警"的方式,开展数据审核,根据不同阶段工作任务,合理调整审核指标,提出具体审核结果、问题清单和整改要求,定期编写和下发审核分析报告,组织核实和整改,共进行"五日一审"46批次,"两日预警"56批次,有效提高了报表数据质量,加快了普查工作进度。

全方位多方法开展普查报表数据和汇总数据比对审核。在全面普查阶段和成果总结阶段,除深化推进普查基本单位名录信息"14项"比对和"11项"比对外,同时开展普查报表数据和汇总数据的17大类49项比对审核,收集梳理报表数据不一致、逻辑性差异问题线索,解析原因,列出问题清单。对采用排污许可数据法、监测数据法和产排污系数法等不同方法核算的产排污量进行比对分析,开展产排污核算方法适用性论证,查找漏算和核算结果错误的问题,审核比对分析结果列入"五日一审"和"两日预警"审核分析报告,组织基层普查机构进行修改完善,高标准、全视角、多方法提升普查数据的全面性、完整性、真实性、规范性、一致性、合理性、逻辑性及准确性,确保普查数据经得起公众监督、部门联审、专家论证和历史检验。

---

①边填报、边录入、边审核、边入库、边评估,边核查、边整改。

②国家普查办下发清查基本单位底册名录、全省增补清查基本单位名录、全省正式下发清查基本单位名录、清查剔除清查基本单位名录、清查建库普查基本单位名录、全面普查阶段增补和删除普查基本单位(普查对象)名录清单表格。

2.8.5 开展数据汇交审核

在普查数据库定库的基础上,根据《关于开展第二次全国污染源普查数据汇交工作的通知》的要求,湖北省克服新冠肺炎疫情影响,开展了普查成果汇总文件纸质版、普查数据采集系统备份文件、导出电子表格、普查空间地理信息系统备份文件和省级数据处理服务器存储图片资料的汇交审核,进一步提升了普查数据质量。

2.9 积极开展普查试点

2.9.1 精心组织试点

根据《第二次全国污染源普查试点工作方案》,编制了《湖北省第二次全国污染源普查试点工作方案》,选取十堰丹江口市、孝感安陆市和荆州江陵县作为省级普查试点地区,各试点地区分别印发了省级普查试点工作方案,由省生态环境科学研究院负责具体实施。部分市(州)结合当地实际,组织开展了市级普查试点工作,据统计,全省共安排市级普查试点区域26个。

试点工作主要在试方案、试填报、试软件、试质量控制等四个方面进行先行先试。以三个省级试点县(市)为基点,在全省范围内选取部分市(州)普查机构,组织实施了国家普查办普查数据采集与管理系统、普查地理空间信息采集管理系统和技术规范试运行、内外网合并试行、产排污量核算软件试算、数据审核软件试运行,集中审核软件使用调试、农业源产排污核算软件试算、第三方评估湖北试点调研等试点任务。

通过试点,进一步验证各类普查管理制度、技术规范、普查数据信息系统、报表填报操作和数据审核软件程序的科学性、合理性和适用性,查找并解决存在的技术缺陷和问题,提高可操作性,结合试点工作对普查工作人员进行培训,提高普查专业理论和实际操作水平,为普查工作的全面展开积累经验。

2.9.2 创新试点方法

在普查过程中,严格执行国家普查办制定的普查管理制度、技术规范、普查数据信息系统和报表填报规则,并结合实际,进行优化和细化,不断创新工作方法。通过试点试行,建立和完善了"日汇总(审核)、周分析(调度)、双周评估(督办)、月调度会议(通报)"的调度督办工作机制,形成和固化了"三表齐填[①]""七边同步""五日一审""两日预警"和数据质量七级审核等行之有效的工作方法。

2.9.3 总结试点成效

湖北省通过抽调技术骨干组成试点工作专班,以三个省级试点县为骨干,在全省范围内选取部分市(州)普查机构,积极组织开展普查试行试点任务。根据内外网合并试行的技术要求,省普查办下发了《关于加强双网合一后国家普查专网系统运行维护和报表数据审核修改完善的通知》,配齐硬件设施,构建外网映射端口,两天内完成了全省内外网合并,改变原来移动数据采集终端外网采集填报数据、内网录入汇总的工作方式,建立数据采集、填报、录入汇总同步进行的普查数据采集与管理系统,实现"双网合一",对

---

①普查报表同时填报纸质、电子和国家普查办普查数据系统报表。

系统进行试行调试和安全测试,强化运行维护和信息安全管理工作,显著提升了国家普查办普查数据采集与管理系统运行效率和数据处理支撑能力。国家普查办于2019年3月调研内外网数据系统并网融合试行情况时,充分肯定了湖北省的有关工作。

湖北省在普查试行试算中解决了大量的系统缺陷和使用操作技术问题,培养产排污核算操作、软件系统维护技术骨干和师资力量,为全国普查产排污核算工作提供了有力技术支持。省普查办下发了《关于组织开展第二次全国污染源普查产排污量核算软件测试工作的通知》,制定了《湖北省第二次全国污染源普查产排污核算软件测试工作方案》,测试软件核算流程、核算体系的科学性和可行性,分析软硬件环境的适配性、合理性和安全性。开展省、市(州)两级产排污量软件试算,全面校核重点工业行业污染源、农业源、生活源、集中式污染治理设施和移动源污染物产排污量核算系统规则和产排污系数,湖北省在22天内基本完成了工业源、农业源、集中式污染治理设施、移动源、生活源等各类污染源24个污染物因子产排污量的核算工作,比国家普查办规定的时间进度提前8天,产排污量核算完成率率先达到100%,在全国领先。为解决产排污核算软件在运行初期核算数据不能自动回填到普查报表的问题,湖北省组织普查工作人员采取手动回填方式,充分保证了核算数据的完整性,加快了工作进度,得到国家普查办的肯定。

2.10 总结普查成果

2.10.1 公布普查结果

(1)普查数量

2017年末,全省普查对象数量94679个(不含移动源)。包括工业源46101个,畜禽规模养殖场20841个,生活源25160个(含非工业锅炉1358个、储油库30个、加油站3774个和行政村19998个),集中式污染治理设施2462个[含集中式污水处理单位2247个,其中城镇生活污水处理厂330个,工业污水处理厂37个,农村集中式污水处理设施1848个,其他污水处理设施32个;生活垃圾集中处理处置单位174个;危险废物集中利用处理处置单位41个(扣减协同处置单位2个)];以行政区为单位的普查对象数量115个,其中涉及种植业的县98个,水产养殖的县96个,分散畜禽养殖业的县95个。机动车保有量8666745辆,工程机械保有量14.8万台,农业机械柴油总动力3005.65万千瓦。

(2)污染物排放情况

1)工业源排放情况

2017年,全省工业源水污染物排放情况:化学需氧量21297.01吨,氨氮1177.66吨,总氮5449.66吨,总磷272.31吨,石油类235.45吨,挥发酚8.60吨,氰化物3.83吨,重金属9.28吨。大气污染物排放情况:二氧化硫109008.86吨,氮氧化物158290.06吨,颗粒物340534.04吨,挥发性有机物122794.50吨。

2017年,全省一般工业固体废物产生量107464993.97吨,综合利用量73385081.82吨(其中综合利用往年贮存量1074766.46吨),处置量14953568.30吨(其中处置往年贮存量8138.55吨),本年贮存量

19307628.07 吨,倾倒丢弃量 901620.79 吨。

2017 年,全省危险废物产生量 1074027.65 吨,综合利用和处置量 1075389.98 吨,年末累积贮存量 114078.58 吨。

2017 年,通过对全省 8 类重点行业 465 家企业的检测筛查,确定伴生放射性矿开发利用企业共 8 家,主要分布在恩施、宜昌等市(州),以煤、铅/锌等矿产为主。

与湖北省第一次全国污染源普查(以下简称"一污普")相比,全省工业源化学需氧量排放量下降了90.21%;氨氮排放量下降了 94.33%;石油类排放量下降了 92.63%;挥发酚排放量下降了 82.17%。全省工业源二氧化硫排放量下降了 84.54%,氮氧化物排放量下降了 43.83%。湖北省第二次全国污染源普查(以下简称"二污普")废水治理设施数较一污普大幅增加,污染治理能力和处理效果大幅提升,化学需氧量、氨氮、石油类和挥发酚等污染物的去除率较一污普均明显增加。

2)农业源排放情况

2017 年,全省农业源水污染物排放量:化学需氧量 729419.27 吨,氨氮 16102.52 吨,总氮 98762.61吨,总磷 15230.83 吨。其中种植业水污染物排放(流失)量:氨氮 6009.85 吨,总氮 58084.57 吨,总磷6677.72 吨;畜禽养殖业水污染物排放量:化学需氧量 604560.87 吨,氨氮 8152.27 吨,总氮 34755.49 吨,总磷 8135.41 吨;水产养殖业水污染物排放量:化学需氧量 124858.39 吨,氨氮 1940.40 吨,总氮 5922.54吨,总磷 417.70 吨。

2017 年,秸秆产生量为 3630.11 万吨,秸秆可收集资源量 2862.66 万吨,秸秆利用量 2491.97 万吨。

与一污普相比,全省普畜禽养殖业化学需氧量排放量较一污普增加了 284787.435 吨,增幅为89.06%;氨氮排放量较一污普增加了 2591.110 吨,增幅为 46.59%;总磷排放量较一污普增加了3619.932 吨,增幅为 80.17%;水产养殖业化学需氧量排放量较一污普下降了 12.30%,氨氮排放量较一污普增加了 53.37%,总磷排放量较一污普下降了 86.08%;种植业氨氮排放(流失)量较一污普下降了56.27%,总氮排放(流失)量较一污普下降了 24.24%,总磷排放(流失)量较一污普增加了 22.02%。

3)生活源排放情况

2017 年,全省生活源水污染物排放量:化学需氧量 535400.26 吨,氨氮 40762.91 吨,总氮 76754.53吨,总磷 5891.61 吨,动植物油 16012.49 吨。其中城镇生活源水污染物排放量:化学需氧量 283132.41吨,氨氮 25003.37 吨,总氮 46079.36 吨,总磷 3171.18 吨,动植物油 4479.39 吨。农村生活源水污染物排放量:化学需氧量 252267.86 吨,氨氮 15759.54 吨,总氮 30675.17 吨,总磷 2720.43 吨,动植物油11533.10 吨。

2017 年,全省生活源大气污染物排放量:二氧化硫 71603.56 吨,氮氧化物 25475.55 吨,颗粒物134534.23 吨,挥发性有机物 106350.56 吨。

与一污普相比,全省城镇生活化学需氧量、五日生化需氧量、氨氮、总氮、总磷、动植物油排放量分别下降了 59.25%、49.45%、68.06%、54.59%、56.73%和 84.94%,全省生活源污水处理能力不断提升。

4)集中式污染治理设施排放情况

2017 年,垃圾处理和危险废物(医疗废物)处置废水(渗滤液)污染物排放量:化学需氧量 457.26 吨,氨氮 88.19 吨,总氮 128.20 吨,总磷 3.98 吨,重金属 0.17 吨。2017 年,垃圾焚烧、危险废物(医疗废物)

焚烧废气污染物排放量:二氧化硫 52.08 吨,氮氧化物 175.55 吨,颗粒物 70.76 吨。

与一污普相比,全省垃圾填埋渗滤液中化学需氧量排放量较一污普下降了 19427.973 吨,降幅为 97.75%;氨氮排放量下降了 1740.065 吨,降幅为 95.19%;总磷排放量下降了 21.027 吨,降幅为 84.11%;总类金属砷排放量下降了 41.940 吨,降幅为 68.75%;总铅排放量下降了 141.632 吨,降幅为 63.80%;总镉排放量下降了 47.082 吨,降幅为 79.80%;总铬排放量下降了 118.634 吨,降幅为 68.57%;总汞排放量下降了 18.840 吨,降幅为 94.20%。

5)移动源排放情况

2017 年,大气污染物排放量:氮氧化物 306044.12 吨,颗粒物 8341.14 吨,挥发性有机物 64922.90 吨。其中机动车大气污染物排放量:氮氧化物 186249.86 吨,颗粒物 2540.80 吨,挥发性有机物 51000.48 吨;非道路移动污染源大气污染物排放量:氮氧化物 119794.26 吨,颗粒物 5800.34 吨,挥发性有机物 13922.42 吨。

非道路移动源中工程机械排放氮氧化物 52268.14 吨,颗粒物 2487.66 吨,挥发性有机物 6177.69 吨;农业机械排放氮氧化物 62693.19 吨,颗粒物 3143.98 吨,挥发性有机物 7446.07 吨;铁路内燃机车排放氮氧化物 2150.98 吨,颗粒物 80.25 吨,挥发性有机物 117.20 吨;民航飞机排放氮氧化物 2681.95 吨,颗粒物 88.44 吨,挥发性有机物 181.45 吨。

与一污普相比,全省移动源机动车保有量增加了 3901030 辆,增幅为 81.86%,机动车氮氧化物排放量增加了 15.72%,颗粒物排放量下降了 81.22%。

2.10.2　开展普查工作总结

依据《普查方案》《省实施方案》《党政机关公文处理工作条例》《党政机关公文格式》《关于印发〈第二次全国污染源公报审核技术规定〉的通知》《湖北省第二次全国污染源普查成果总结、公报发布及舆情应对工作方案》以及国家普查办成果总结材料编制技术规范培训材料等,组织对全省普查制度建设、组织实施、过程管理、质量控制过程、档案管理和普查数据成果等进行了全面系统地总结,编制了全省普查公报和工作总结报告、技术报告、普查数据图谱、普查资料汇编、成果应用开发技术报告、数据审核报告、质量核查报告、第三方评估报告、产排污核算方法适用性论证报告等 9 个支撑性总结材料。

湖北省成果总结材料和公报编制工作得到了国家普查办的充分肯定。2019 年 12 月,国家普查办在郑州举办普查成果技术报告编制培训班,省普查办负责人作了普查工作及成果总结材料编制先进经验交流,系统介绍了湖北省普查工作及成果总结材料的做法、亮点和经验。湖北省普查技术报告被评为全国优秀报告,工作总结报告主要内容纳入国家普查办普查丛书的内容。

2.10.3　组织普查工作验收

根据《关于开展第二次全国污染源普查工作验收的通知》,省普查办组织开展国家普查办验收筹备工作和对各市(州)普查工作的验收。2020 年 1 月,印发了《湖北省第二次全国污染源普查验收工作方案》。新冠肺炎疫情发生后,为统筹做好疫情防控和普查验收工作,2020 年 4 月,印发了《湖北省第二次全国污染源普查验收工作补充方案》,调整省级验收方式,将现场验收改为视频验收,细化验收准备、视频会审、验收意见反馈、问题整改完善和验收结论下达的工作流程,优化验收会议议程和视频资源配置,强化会前验收资料整理、提交、初审、沟通、完善和会议期间视频汇报、佐证材料展示、交流以及会后验收审核问题整改完善的要求,确保视频验收与现场验收相比内容不减、标准不降、程序不少、效果相同。

省普查办负责牵头组织验收工作,与省农业农村厅、省统计局协商组建验收组,明确验收组成员和特邀专家的责任分工、评审评分要点、验收意见编写要点和工作程序,统一视频验收议程。在 2020 年 5 月,以视频验收方式完成对 17 个市(州)的普查工作验收,验收组提交了验收组成员签名表、验收资料全面性规范性初步审核统计表、佐证材料审验统计表、主要数据审核统计表、验收评分表和验收意见。2020 年 11 月,在各市(州)普查办完成验收问题整改和验收文件资料完善后,省普查办集中下达了通过验收的通知。

2020 年 6 月,国家普查办对湖北省普查工作进行了视频验收,验收组充分肯定了湖北省普查工作,认为湖北省严格按照国务院《普查方案》要求,摸清了全省各类污染源普查对象和污染物总量、结构和分布情况,深度开发了普查成果,为全省的生态环境管理工作提供了支撑决策,验收材料和工作汇报内容详尽、文本规范。2020 年 9 月,国家普查办下达了《关于通过第二次全国污染源普查工作验收的通知》(国污普〔2020〕4 号),认为湖北省已经按要求完成普查工作,文件资料符合要求,同意通过验收。

2.10.4 开展普查成果表彰

根据《全国污染源普查条例》《关于开展第二次全国污染源普查表扬工作的通知》要求,制定了《湖北省第二次全国污染源普查表扬工作方案》,根据实事求是、客观公正、绩效优先、质量第一的原则,组织开展普查表扬工作。经省级成员单位、基层普查机构推荐和征求所在单位纪检监察部门意见,严格按程序进行审核后,向国家普查办推荐了全国表现突出的集体、表现突出的个人、优秀技术报告和优秀专题报告,并对全省表现突出的集体、表现突出的个人、优秀技术报告和优秀专题报告进行了表扬。省普查办、省农业污染源普查推进组、省政府办公厅五处、15 个省级成员单位下属机构、16 个市级普查机构、13 个县级普查机构、10 个农业污染源普查推进机构、5 个技术支持单位和 6 个第三方机构被评为全国普查表现突出的集体,261 个普查人员被评为全国普查表现突出的个人,省普查技术报告、武汉市普查技术报告和黄石市普查技术报告被评为全国优秀技术报告,东荆河流域应用成果开发项目和水污染防治对策建议专题报告被评为全国优秀专题报告。98 个普查机构和有关单位被评为省级普查表现突出的集体,306 个普查人员被评为省级普查表现突出的个人,13 本普查技术报告被评为省级优秀技术报告,24 个普查专题报告被评为省级优秀专题报告。

3 存在的问题

(1)普查前期准备不充分,与全面信息化普查要求有差距

普查首次使用手持移动采集终端(PAD)和信息化系统作为污染源普查的主要工具,普查信息化的建设是在普查试点的基础上,精准识别普查工作的管理架构、工作路线、技术要素,并通过信息化系统予以实现,可提高普查效率和精准性。但前期系统设计准备不充分,在较短时间内需要完成信息化系统构建、调试、上线,导致系统存在不稳定性;此外,信息化系统对"两员"提出了一定的系统操作能力要求。因此,在普查工作中系统阶段性升级、逻辑关系调整、系统操作不当等问题,难免导致数据丢失、退回重报等需要重复工作、借助纸质报表填报及手动回填等情况,与全面信息化普查要求有一定差距。

(2)有经验的普查人员欠缺,与普查高要求不相适应

普查范围较广,普查对象的数量较多,工作时间短,普查任务重,相比一污普抽调生态环境部门相关人员组成普查"两员"队伍,此次普查引入第三方机构全程协助开展普查工作,但有经验的普查人员缺乏,给普查工作带来极大压力。普查人员文化素质和专业背景参差不齐,通过短时间的集中培训难以完全掌握污染源普查所达到的专业理论水平,普查人员综合素质和业务能力与普查工作任务要求还有一定的差距。经反复培训、现场指导帮扶后,普查人员经验效应得到发挥,为普查工作顺利开展夯实了基础。

(3)普查成果转化不足,与普用结合不紧密

普查工作采用科学的调查方法和技术路线,对全省污染源进行调查和排放量核算,获取了大量翔实的普查数据,取得了丰硕的成果。目前,成果主要应用于生态环境部门日常管理,其他各部门及社会大众对普查成果利用不充分,成果应用的广泛性不足,普用结合不紧密。只有切实把普查成果开发好,转化好,应用好,才能发挥普查成果的重要价值。

4 工作体会

4.1 党委政府高度重视和加强领导为做好普查工作提供了重要的组织保障

此次普查工作普查范围广、涉及部门多、技术要求高、工作难度大、时间要求紧,需动用大量的人力物力和社会资源,仅靠生态环境部门自身力量难以顺利完成普查工作任务。省委、省人民政府高度重视,省生态环境厅负责牵头组织实施,各级政府全面履行普查主体责任,加强领导。省委宣传部、统计局、农业农村厅、档案局、财政厅、税务局、市场管理局、公安厅、国家电网湖北分公司和其他有关成员单位分工负责,主动协调配合。乡镇街道办事处、村社、有关科研院所、高校和企业实体共同参与,广大普查对象主动支持普查工作,依法履行普查责任,为完成本次普查任务提供了重要的组织保障。

4.2 广泛宣传动员为做好普查工作奠定了坚实的社会基础

普查对象包括各行各业的产业活动单位、基层行政管理职能部门和行政村,涉及千家万户和方方面面。普查每 10 年开展一次,报表制度和技术规范专业性强,数据敏感性高,普查对象和社会公众广泛存在诸多疑虑。通过广泛深入开展宣传动员,使普查宣传进媒体、进机关、进企业、进街道、进村社,让普查的意义、目的和作用深入人心,强化依法履行普查责任的意识,提高普查对象、社会公众对普查工作的理解支持和认知程度,消除疑虑和工作阻力,形成了全社会关心、理解和支持普查的良好氛围,为做好普查工作打下了良好的社会基础。

4.3 精密谋划部署和精准落实是高效优质完成普查工作的重要前提

普查是一项高度专业化、程序化、规范化的系统工程,三个阶段紧密联系,不同阶段的工作任务和工作环节环环相扣,一系列普查制度和技术规范有机衔接。在普查过程中,湖北省科学统筹谋划,精心组织实施,精密部署安排,强化调度督办,精准落实到位。一是严谨制定普查实施方案和各阶段工作方案;二是严格选任和培训"两员",建立了一支政治强、本领高、作风硬、敢担当的普查基层干部队伍;三是细化工作进度计划,强化调度督办,确保高效优质完成各阶段普查任务;四是建立健全普查质量控制制度和管理体系,强化全过程普查质量控制措施,严格执行普查数据质量审核制度,确保普查对象应查尽查,不重不漏,确保普查数据全面、真实、准确、一致。

4.4 发挥科技优势,创新工作方法是高效优质完成普查工作的重要技术保障

普查工作涉及统计学、生态环境管理、环境监测、环境工程、水文水资源管理,畜禽养殖、水产养殖、农业种植、车辆交管、市政管理、经济管理、档案管理、财务管理、网络技术等专业理论和 3 个门类 41 个工业大类行业的生产技术专业知识。湖北省根据不同的专业需求,引入第三方专业机构和技术支持单位,分别承担了报表数据录入采集、地理空间信息采集、产排污核算、数据质量审核、第三方评估、总结材料编制、档案整理归档、普查数据信息系统开发和运行维护、普查培训等专业性工作,参与了三个阶段质量核查和普查验收,充分发挥专业技术人员对普查的支持作用和网络信息技术对普查的支撑性作用。在普查工作中,创新和完善了普查报表数据采集录入“三表齐填”“七边同步”,数据审核“五日一审”“两日预警”和普查基本单位目录信息“七表合一”等方法,以档案收集齐全完整、整理规范有序、保管安全可靠、鉴定准确及时、利用便捷方便、开发实用有效为目标,与普查主体工作同步部署,同步实施,同步调度,同步考核验收,建立健全普查档案管理制度,细化分类归档,规范整理方法,严控档案质量,实现了普查档案管理制度化、常态化、规范化和标准化,高质量开展普查档案整理归档和移交,显著提高了普查工作效率,保障了高效优质完成普查工作。

4.5 数据质量作为生命线,实现了普查数据优质的目标

在普查过程中,始终把数据质量作为普查工作的生命线,建立健全了质量管理体系和质量责任追踪溯源制度,明确了质量控制的总体要求、技术路线、方法、流程和标准,实行质量管理全过程控制、全员控制和全层级控制,开展全过程数据审核、三个阶段质量核查和全方位多方法比对,实现了普查数据优质的目标。

4.6 普查数据表明湖北省生态环境保护成效显著

普查数据表明,自一污普以来,特别是“十三五”期间,湖北省生态环境环境保护取得了显著成效。

一是经济社会高速发展,产业结构不断优化。两次普查之间的十年,也是湖北省经济快速发展的十年。本次普查与一污普相比,湖北省常住人口由 5699.00 万增至 5902.00 万,增加 203.00 万,增幅为 3.56%;其中城镇常住人口由 2686.11 万增至 3527.54 万,增加 841.43 万,增幅为 31.33%;城镇化率由 44.30%增至 59.30%,提高 15 个百分点。GDP 由 9150.01 亿元增至 37516.55 亿元,增幅为 310.02%;人均 GDP 增幅为 295.91%。工业产值由 7193.55 亿元增加到 21460.30 亿元,增幅为 198.33%,占 GDP 总量比由 78.62%降至 57.20%,下降 21.42 个百分点,工业企业数量由 27533 个增加到 46101 个,增幅为 67.44%,人口小幅增长的同时城镇化率显著提高,经济总量取得质的飞跃,工业增加值大幅增长,但工业企业数量增幅较少,单个企业平均规模大幅扩大,第三产业规模和比重持续上升,产业结构明显优化。农业源畜禽规模养殖场数量由 40305 家减少到 20841 家,降幅为 48.29%。全省畜禽养殖量(折合生

猪当量)由 4880.22 万头增加到 5651.36 万头,增幅为 15.80%,农业源畜禽规模养殖场数量大幅降低,单个畜禽规模养殖场养殖产量大幅提升,养殖结构明显优化。

二是平均能耗和污染物单位排放强度降幅明显。城镇常住人口人均生活用水量由 71.50 立方米降至 65.28 立方米,下降 8.70%;单位 GDP 工业用水量也由 123.16 立方米每万元降至 9.50 立方米每万元,降幅为 92.29%。单位 GDP 能耗由 1.08 吨标准煤/万元降至 0.38 吨标准煤/万元,降幅为 64.81%。单位 GDP 化学需氧量排放强度由 2.38 千克/万元降至 0.06 千克/万元,降幅为 97.61%;氨氮排放强度由 0.23 千克/万元降至 0.0031 千克/万元,降幅为 98.65%;二氧化硫排放强度由 7.71 千克/万元降至 0.29 千克/万元,降幅为 96.24%;氮氧化物排放强度由 3.08 千克/万元降至 0.42 千克/万元,降幅为 86.36%。单位工业产值化学需氧量排放强度由 3.03 千克/万元降至 0.10 千克/万元,降幅为 96.72%;氨氮排放强度由 0.29 千克/万元降至 0.01 千克/万元,降幅为 96.55%;二氧化硫排放强度由 9.80 千克/万元降至 0.51 千克/万元,降幅为 94.80%;氮氧化物排放强度由 3.92 千克/万元降至 0.74 千克/万元,降幅为 81.12%。

三是工业行业治污能力和处理效率显著提升,污染物排放总量大幅下降。十年来,工业行业废水治理设施数量由一污普的 2737 套增加到 9996 套,处理能力由 780.45 万立方米每天提高至 1059.41 万立方米每天,治理设施数量和治理能力分别增加了 265.22% 和 35.74%。脱硫设施数量由一污普的 249 套增加到 1682 套,除尘设施数量由一污普的 4333 套增加到 22235 套,分别增加 575.50% 和 413.15%。主要污染物化学需氧量去除率从 65.84% 提升到 95.98%,氨氮去除率从 65.75% 提升到 96.46%,二氧化硫去除率从 52.40% 提升到 93.04%,氮氧化物去除率从 9.95% 提升到 84.58%。工业主要污染物排放量化学需氧量从 21.76 万吨下降到 2.13 万吨,氨氮从 2.08 万吨下降到 0.12 万吨,二氧化硫从 70.52 万吨下降到 10.90 万吨,氮氧化物从 28.18 万吨下降到 15.83 万吨。在工业增加值大幅增加的情况下,主要污染物排放量明显减少。

四是集中式污染治理设施数量增长明显,处理能力大幅提升。与一污普相比,全省集中式污水处理厂、生活垃圾处置厂和危险废物处置厂的普查数量分别从 38 个、75 个、13 个增加到 2209 个、99 个、28 个,增长率分别为 5713.16%、32.00%、115.38%,处理量分别从 61083.44 万吨/年、757.90 万吨/年、36140 吨/年增加到 263033.79 万吨/年、1187.89 万吨/年、335620 吨/年。城市集中式污染治理设施建设成效显著,城镇污水处理厂数量从 38 个增加到 330 个,城镇污水处理量从 72869.76 万吨/年增加到 222182.66 万吨/年,提高了 204.90%,主要污染物化学需氧量去除率从 75.01% 提升到 88.12%,氨氮去除率从 71.34% 提升到 89.64%,总磷从 45.25% 提升到 90.18%,其中,村镇污水集中处理设施从无到有,增加到 1848 个,污水处理量达到 2440.23 万吨/年。工业废水和城镇、村镇生活污水集中处理能力大幅提升,得益于近年来环境基础设施建设投资的增加,提升了湖北省环境公共服务水平,主要污染物排放量大幅降低,在社会经济快速增长的情况下,对稳定和改善环境质量发挥了积极作用。

附件1 《省人民政府关于开展第二次污染源普查的通知》

各市、州、县人民政府,省人民政府各相关部门:

根据《全国污染源普查条例》和《国务院关于开展第二次全国污染源普查的通知》(国发〔2016〕59号)要求,省人民政府决定于2017年开展第二次全省污染源普查。现将有关事项通知如下。

一、普查目的和意义

污染源数据是重要的基础环境数据,污染源普查是重大的国情、省情调查,是环境保护的基础性工作。开展第二次全省污染源普查,全面掌握各类污染源的数量、行业和地区分布情况,了解主要污染物产生、排放和处理情况,建立健全重点污染源档案、污染源信息数据库和环境统计平台,对于准确判断湖北省当前环境形势,制定实施有针对性的经济社会发展和环境保护政策、规划,不断改善环境质量,加快推进生态文明和美丽湖北建设,补齐全面建成小康社会的生态环境短板具有重要意义。

二、普查对象和内容

普查对象是湖北省行政区域内有污染源的单位和个体经营户。范围包括:工业污染源,农业、林业污染源,生活污染源,集中式污染治理设施,移动源及其他产生、排放污染物的设施。

普查内容包括普查对象的基本信息、污染物种类和来源、污染物产生和排放情况、污染治理设施建设和运行情况等。

本次普查的具体范围和内容根据国务院批准的《第二次全国污染源普查方案》确定。

三、普查时间安排

本次普查标准时点为2017年12月31日,时期资料为2017年度资料。2017年底前为普查前期准备阶段,重点做好普查方案编制、普查工作试点以及宣传培训等工作,建立污染源普查单位目录库。2018年为全面普查阶段,各地组织开展普查,通过逐级审核汇总形成普查数据库,年底完成普查工作。2019年为总结发布阶段,重点做好普查工作验收、数据汇总和成果发布等工作。

四、普查组织和实施

第二次全省污染源普查涉及范围广、参与部门多、普查任务重、技术要求高,工作难度大。各地、各有关部门要按照"全省统一领导、部门分工协作、地方分级负责、各方共同参与"的原则组织实施普查。同时,按照信息共享和厉行节约的要求,充分利用相关部门现有统计、监测和各专项调查等相关资料,借鉴和采纳国家经济普查、农业普查等成果。

为加强组织领导,省政府成立第二次污染源普查领导小组,负责领导和协调全省污染源普查工作。领导小组办公室设在省环保厅,负责普查的日常工作。领导小组成员单位要组建工作专班,按照各自职责协调落实相关工作。

各市、州、县人民政府应成立相应的污染源普查领导小组及其办公室,按照省污染源普查领导小组的统一规定和要求,做好本行政区域内的污染源普查工作。充分利用报刊、广播、电视、网络等各种媒体,广泛深入地宣传污染源普查的重要意义和有关要求,为普查工作的顺利实施营造良好的社会氛围。对普查工作中遇到的各种困难和问题及时采取措施,切实予以解决。

军队、武装警察部队的污染源普查工作由中央军委后勤保障部按照国家统一规定和要求组织实施,各地、各有关部门要与省军区、省武警总队和驻鄂部队做好衔接。

五、普查经费保障

按照分级保障原则,第二次全省污染源普查工作经费由同级财政予以保障。省级财政负担的部分,由相关部门按要求列入部门预算。地方财政负担的部分,由同级财政根据工作需要统筹安排。中央驻鄂单位落实相关工作经费。

六、普查工作要求

污染源普查对象有义务接受污染源普查领导小组办公室、普查人员依法进行的调查,并如实反映情况,提供有关资料,按照要求填报污染源普查表。任何地方、部门、单位和个人不得迟报、虚报、瞒报和拒报普查数据,不得伪造、篡改普查资料。

各级普查机构及其工作人员对普查对象的技术和商业秘密,必须履行保密义务。

附件:《湖北省第二次污染源普查领导小组人员名单》

湖北省人民政府
2017 年 8 月 8 日

附 件

湖北省第二次污染源普查领导小组人员名单

组　长：　　　　　　　　副省长

副组长：　　　　　　　　省人民政府副秘书长

　　吕文艳　　　　　　　省环保厅厅长

　　李克勤　　　　　　　省统计局局长

成　员:荣罕君　　　　　省委宣传部副巡视员

　　杨　颖　　　　　　　省发改委副主任

　　陶红兵　　　　　　　省经信委总工程师

　　喻春祥　　　　　　　省公安厅常务副厅长

　　秦守成　　　　　　　省财政厅副厅长、省综改办主任

　　乔　冰　　　　　　　省国土资源厅党组成员、省地灾办专职副主任

　　周歆昕　　　　　　　省环保厅副厅长

　　金　涛　　　　　　　省住建厅副厅长

　　姜友生　　　　　　　省交通运输厅副厅长

　　刘元成　　　　　　　省水利厅副厅长

　　邓干生　　　　　　　省农业厅巡视员

　　蔡静峰　　　　　　　省林业厅副厅长

　　阮力艰　　　　　　　省卫计委副主任

　　何小平　　　　　　　省地税局副局长

　　彭明方　　　　　　　省工商局副局长

　　詹永杰　　　　　　　省质监局副局长

　　郭新明　　　　　　　省南水北调办副主任

　　何保国　　　　　　　省测绘局副局长

　　练奇峰　　　　　　　省国税局副局长

　　毛洪山　　　　　　　省军区保障局局长

　　陈　琴　　　　　　　长江水利委员会副主任

　　朱汝明　　　　　　　长江航务管理局副局长

　　王祖祥　　　　　　　武汉铁路局副局长

　　杨水军　　　　　　　民航湖北省管理局党委副书记

领导小组办公室主任由省环保厅副厅长周歆昕兼任。

注：上述职务统计时间为 2017 年。

附件 2 湖北省第二次全国污染源普查实施方案

根据《全国污染源普查条例》《国务院关于开展第二次全国污染源普查的通知》（国发〔2016〕59 号）、《第二次全国污染源普查方案》（国办发〔2017〕82 号）和《省人民政府关于开展第二次污染源普查的通知》（鄂政电〔2017〕8 号）精神，为做好湖北省第二次污染源普查工作，制定本实施方案。

一、普查工作目标

摸清全省各类污染源基本信息，了解污染源数量、结构和分布状况，掌握区域、流域、行业污染物产生、排放和处理情况，建立健全全省污染源档案、污染源基础信息数据库和环境统计平台。为加强全省污染源监管、改善环境质量、防控环境风险、服务环境与发展综合决策提供依据。

二、普查时点、对象、范围和内容

（一）普查时点。普查时点为 2017 年 12 月 31 日，基准资料为 2017 年度资料。

（二）普查对象和范围。普查对象为湖北省内有污染源的单位和个体经营户。普查范围包括：工业污染源，农业污染源，生活污染源，集中式污染治理设施，移动源及其他产生、排放污染物的设施。

1. 工业污染源。普查对象为产生废水污染物、废气污染物及固体废物的所有工业行业产业活动单位。对可能伴生天然放射性核素的 8 类重点行业 15 个类别矿产采选、冶炼和加工产业活动单位进行放射性污染源调查，以《湖北省第二次伴生放射性矿普查方案》确定的调查对象为主。

对国家级、省级开发区中的工业园区（产业园区），包括经济技术开发区、高新技术产业开发区、保税区、出口加工区等进行登记调查。

2. 农业污染源。普查对象为种植业、畜禽养殖业和水产养殖业，其中养殖业以养殖企业和养殖户为主要对象。农业污普优先利用第三次全国农业普查成果。

3. 生活污染源。普查对象为生活源锅炉基本情况，城乡居民能源使用情况，城市市区、县城、镇区的入河排污口，生活污水产生和排放情况。

4. 集中式污染治理设施。普查对象为集中处理处置生活垃圾、危险废物和污水的单位。

其中：生活垃圾集中处理处置单位包括生活垃圾填埋场、生活垃圾焚烧厂以及以其他处理方式处理生活垃圾和餐厨垃圾的单位。危险废物集中处理处置单位包括危险废物处置厂和医疗废物处理（处置）厂。危险废物处置厂包括危险废物综合处理（处置）厂、危险废物焚烧厂、危险废物安全填埋场、危险废物综合利用厂等；医疗废物处理（处置）厂包括医疗废物焚烧厂、医疗废物高温蒸煮厂、医疗废物化学消毒厂、医疗废物微波消毒厂等。集中式污水处理设施包括城镇污水处理厂、工业污水集中处理厂和农村集中式污水处理设施。

5. 移动源。普查对象为机动车和非道路移动污染源。其中，非道路移动污染源包括民航飞机、营运船舶、铁路内燃机车和工程机械、农业机械等非道路移动机械。

（三）普查内容。

1. 工业污染源。企业基本情况，原辅材料消耗、产品生产情况，产生污染的设施情况，各类污染物产生、治理、排放和综合利用情况（包括排放口信息、排放方式、排放去向等），各类污染防治设施建设、运行情况等。

废水污染物：化学需氧量、氨氮、总磷、总氮、石油类、挥发酚、氰化物、汞、镉、铅、铬和砷等。

废气污染物：二氧化硫、氮氧化物、颗粒物、挥发性有机物、氨、汞、镉、铅、砷、铬。

工业固体废物：一般工业固体废物和危险废物的产生、贮存、处置和综合利用情况，工业企业建设和使用的一般固体废物及危险废物贮存、处置设施（场所）情况。危险废物按照《国家危险废物名录》分类调查。

稀土等15类矿产采选、冶炼和加工过程中产生的放射性污染物普查内容详见《湖北省第二次伴生放射性矿普查方案》。

已按照环保部《排污许可证管理暂行规定》（2016年12月）申领排污许可证的工业企业单位，普查内容与排污许可证内容衔接。

2. 农业污染源。农业生产活动情况，秸秆产生、处置和资源化利用情况，化肥、农药和地膜使用情况。纳入登记调查的畜禽养殖企业和养殖户的基本情况、污染治理情况和粪污资源化利用情况。

废水污染物：总氮、总磷、氨氮，畜禽养殖业与水产养殖业增加化学需氧量。

废气污染物：畜禽养殖业氨、种植业氨和挥发性有机物。

3. 生活污染源。生活源锅炉基本情况、能源消耗情况、污染治理情况；城乡居民能源使用情况；城镇入河排污口情况；城乡居民用水排水情况。

废气污染物：颗粒物、二氧化硫、氮氧化物、挥发性有机物。

废水污染物：化学需氧量、氨氮、总氮、总磷、五日生化需氧量、动植物油。

4. 集中式污染治理设施。单位基本情况、设施处理能力、污水或废物处理情况、次生污染物的产生、治理与排放情况。

废水污染物：化学需氧量、氨氮、总氮、总磷、动植物油、五日生化需氧量、挥发酚、氰化物、汞、镉、铅、铬、砷。

废气污染物：颗粒物、二氧化硫、氮氧化物、汞、镉、铅、铬、砷。垃圾和危险废物焚烧业增加二噁英类污染物。

污水处理设施产生的污泥、焚烧设施产生的焚烧残渣和飞灰等产生、贮存、处置情况。

5. 移动源。各类移动源分类保有量及产排污相关信息。挥发性有机物（船舶除外）、氮氧化物、颗粒物排放情况，部分类型移动源增加二氧化硫排放情况。

6. 专项专题普查内容。开展湖北省重点流域、区域和行业污染源专项普查,以及中央生态环境保护督查组交办问题涉及领域的相关专题普查,全省总磷污染源专题普查。

三、普查技术路线

遵循"数据共享优先、信息化手段应用优先、抽样调查方法使用优先"的原则,分类确定固定源、分散源和移动源的调查方法及技术路线。通过发放表格、数据共享、抽样观测和科学估算等方式分别获取固定源、分散源和移动源的基本信息和活动水平。利用监测数据、产排污系数核算和物料衡算等方法获取产排污数据。

(一)工业污染源。全面入户登记调查基本信息、活动水平、污染治理设施和排放口信息;基于实测和综合分析,按照国污普办统一的污染物排放核算方法,核算污染物产生量和排放量。

根据伴生放射性矿初测基本单位名录和初测结果,确定伴生放射性矿普查对象,全面入户调查。技术路线详见《湖北省第二次伴生放射性矿普查方案》。

工业园区(产业园区)管理机构填报园区调查信息,工业园区(产业园区)内的企业填报工业污染源普查表。

(二)农业污染源。以现有统计数据为基础,确定抽样调查对象,开展抽样调查,获取普查年度农业生产活动基础数据,根据产排污系数核算污染物产生量和排放量。

(三)生活污染源。登记调查生活源锅炉基本情况和能源消耗情况、污染治理情况等,根据产排污系数核算污染物产生量和排放量。抽样调查城乡居民能源使用情况,结合产排污系数核算废气污染物产生量和排放量。通过典型区域调查和综合分析,获取与挥发性有机物排放相关活动水平信息,结合物料衡算或产排污系数估算生活污染源挥发性有机物产生量和排放量。

利用部门行政管理记录,结合实地排查,获取入河排污口基本信息。对入河排污口排水水质水量开展监测,获取污染物排放信息。结合入河排污口调查与监测、城镇污水与雨水收集排放情况、城镇污水处理厂污水处理量及排放量,利用排水水质数据,核算城镇水污染物排放量。利用已有统计数据及抽样调查获取农村居民生活用水排水信息,根据产排污系数核算农村生活污水及污染物产生量和排放量。

(四)集中式污染治理设施。根据调查对象基本信息、废物处理处置情况、污染物排放监测数据和产排污系数,核算污染物产生量和排放量。

垃圾和危险废物焚烧业增加废气及飞灰中的二噁英类污染物,优先共享2017年监督性监测数据。

(五)移动源。利用相关部门提供的数据,结合典型地区抽样调查,获取移动源保有量、燃油消耗及活动水平信息,结合分区分类排污系数核算移动源污染物排放量。

机动车:通过机动车登记相关数据和交通流量数据,结合相关城市、典型路段抽样观测调查和燃油销售数据,根据分区分类排污系数核算机动车废气污染物排放量。

非道路移动源:通过相关部门间信息共享,获取保有量、燃油消耗及相关活动水平数据,根据排污系数核算污染物排放量。

(六)专项专题普查。利用污普数据库,对湖北省内重点流域、区域进行专项普查,结合环境质量进行综合分析,研究污染源排放与环境质量之间的关系。深入调查分析全省重点行业的产排污情况、排放比重和行业排放特点,对国污普办下发的产排污系数进行本地化适用性验证,形成专项报告。对中央生态环境保护督察组交办湖北的问题进行综合分析,对相关污染源进行调查,形成专题报告。

四、组织实施

(一)基本原则。严格遵循"全国统一领导,部门分工协作,地方分级负责,各方共同参与"的原则,充分利用现有统计、监测和各专项专题调查成果,优先采用信息化手段,提高普查效率。按国家统一要求和相关规定,购买第三方服务。鼓励高校、乡(镇)、村基层工作者和其他社会力量参与污染源普查工作。

(二)组织机构。省人民政府成立全省第二次全国污染源普查领导小组(以下简称"省污染源普查领导小组"),负责领导、组织、协调全省污染源普查工作。省污染源普查领导小组办公室设在省环保厅,负责污染源普查日常工作。领导小组成员单位要认真履责,加强对本系统普查工作的指导和督促,共同推进普查工作(各成员单位污染源普查任务清单附后)。各市、州、县人民政府成立相应的污染源普查领导小组及其办公室,负责拟定本级污染源普查实施方案和不同阶段的工作计划并组织实施。乡(镇)人民政府、街道办事处和村(居)民委员会要广泛动员和组织力量参与普查工作。

(三)普查实施。全省污染源普查按照前期准备、实施全面普查、总结发布三个阶段实施。具体时间节点以国污普办安排的普查进度为准。

1. 前期准备阶段。

成立污染源普查组织机构,制定实施方案,落实污染源普查经费,开展前期宣传,组织动员、培训,完成污染源基本单位名录清查建库和试点申报等工作。

同时编制专项普查实施方案,明确绩效目标,开展经费预算,制定项目和资金管理办法,明确招投标和资金使用规范管理要求,开展系列研讨活动,提高社会力量的参与度。

积极开展国家试点申报工作并认真组织实施,做好贫困县污染源普查经费补贴调研工作。组织开展重点污染源基本单位补充调查监测、入河排污口清查和水质水量监测、生活源锅炉清查、重点行业产排污系数适用性前期研究、污染源普查省级信息系统平台建设和对接调试准备工作。

2. 全面普查阶段。

对排污企业和单位进行入户调查,组织填报普查表,录入污染源普查信息系统平台。2018年9月底前,初步建成全面、准确的污染源普查数据库,报送第二次全国污染源普查数据平台。同步组织开展产排污系数验证和全省重点流域、区域、行业和中央生态环境保护督察组交办问题领域专项专题普查,2018年底前进行专项专题普查初步验收。

组织开展数据质量核查和评估,各级普查机构负责对本地区污普数据进行审核,定期对数据进行分析汇总,严格控制漏查率、重复率、差错率和返查率。采取第三方评估、随机抽查、定期督办和专项核查的方式,对入库数据进行质量核查。接受上级普查机构的数据质量审核。

对于技术力量较弱,难以独立完成本级任务的国家级、省级贫困县,由省污染源普查领导小组办公室组织普查技术队伍加强技术指导,协助完成普查工作。

3. 总结发布阶段。

各级污染源普查领导小组办公室完成普查结果汇总、核定普查数据、编制普查公报工作,经同级领导小组审批并报上级普查机构同意后发布。

各级污染源普查领导小组负责开展污染源普查自查评估,以及当地区域普查成果分析、总结、应用和表彰工作。

(四)普查培训。省污染源普查领导小组办公室负责组织对市(州)、县(市、区)普查机构负责同志、工作骨干、重点污染源基本单位相关人员的培训。各市(州)负责组织对普查员、普查指导员和其他相关人员的培训,组织参加国家级、省级培训。

(五)宣传动员。各级污染源普查领导小组办公室要充分利用报刊、电视、网络等传统主流媒体和"两微"等新媒体,广泛宣传污染源普查的重要意义和有关要求,动员社会力量积极参与、支持污普工作。

五、普查经费

普查工作经费按分级保障原则,由同级财政予以保障。各级普查机构和领导小组成员单位根据污普实施方案细化年度工作计划,编制经费使用方案,经同级财政部门审核后,列入部门预算,分年度拨付。

省级经费主要用于普查实施方案制定,组织动员、宣传、培训,入户调查与现场监测,普查人员经费补助,办公场所及运行经费保障,普查质量核查与评估,购置数据采集及其他设备,普查表印制,普查资料建档,数据录入、校核、加工,检查验收、总结、表彰等。对普查试点地方和贫困县予以补助。

市级和县级经费主要用于本级污染源普查实施方案制定,组织动员、宣传、培训,名录清查确认、入户调查与现场监测,普查人员经费补助,办公场所及运行经费保障,普查质量核查与评估,购置数据采集及其他设备,普查表印刷、普查资料建档,数据录入、校核、加工,检查验收、总结、表彰等。

六、普查质量管理

各级污染源普查领导小组办公室应根据国家统一规定,建立普查数据质量控制责任制,并组织污染源普查数据的质量核查和校验工作,在各主要环节按一定比例抽样检查,数据质量不达标的,必须重新调查。

坚持依法普查,任何地方、部门、单位和个人都不得虚报、瞒报、拒报、迟报,不得伪造、篡改普查资料,一经发现,严格按照《中华人民共和国统计法》及相关法律法规进行处理。涉嫌违法的,移交司法机关。

依法依规履行保密责任和义务。普查对象提供的资料和普查机构加工、整理的资料属于国家秘密的,应当标明密级,按照国家有关保密规定处理。各级普查机构工作人员、参与普查工作的有关单位和人员应履行保密义务。

附件:《湖北省第二次全国污染源普查领导小组成员单位任务清单》

附　件

湖北省第二次全国污染源普查领导小组成员单位任务清单

省人民政府新闻办:负责组织全省污染源普查的新闻宣传工作、指导地方做好污染源普查的宣传工作,组织办好新闻发布会及有关宣传活动。

省发展改革委:协助提供省级以上开发区中的工业园区(产业园区)批复、登记信息,配合做好普查及普查成果的分析、应用工作。

省经信委:协助提供工业行业发展规划文件,配合做好工业污染源普查及成果的分析、应用工作。

省公安厅:负责提供机动车登记相关数据、城市道路交通流量数据和常住人口数据,审核移动源普查数据,配合做好机动车污染源普查等相关工作。

省财政厅:负责普查经费预算审核、安排和拨付,监督经费使用情况。

省国土资源厅:负责提供与污染源普查有关的国土资源数据、报告和信息。

省环保厅:负责组建全省污染源普查办公室和工作专班,牵头会同有关部门组织开展全省污染源普查工作,负责拟定全省污染源普查方案和不同阶段的工作方案,制定普查工作制度及有关技术规范,组织普查工作试点和培训,对普查数据进行汇总、分析和结果发布,组织普查工作的验收。

省住建厅:配合做好生活污染源、集中污染治理设施普查及房屋建筑和市政工程工地机械等抽样调查工作,指导地方相关部门对相应污染源的调查及相关数据审核工作。

省交通运输厅:提供营运船舶注册登记数据、船舶自动识别系统(AIS)数据和国(省)道公路观测断面平均交通量;提供不同等级道路路网数据,配合做好移动源普查及相关成果的分析、应用工作。

省水利厅:负责提供全省入河排污口基本信息、水质水量数据、有关水利普查资料和重点流域相关水文资料成果,指导地方相关部门配合做好入河排污口及其相应污染源调查和相关数据审核工作。

省农业厅:牵头组织开展农业污染源基本信息和生产活动水平调查,审核相关数据;提供农业机械和渔船等与污染核算相关的数据。

省林业厅:调查林业生产领域有关污染源的基本信息和活动水平。

省卫生计生委:协助提供全省医疗机构基本名录和医疗废物处理情况信息。

省统计局:协助提供污染源普查所需的基本单位名录、农业普查以及统计年鉴等相关统计数据资料;提供统计法规和统计业务知识培训服务;依法查处统计违法行为;参与普查数据质量的评估和分析。

省国资委:审核污染源基本单位名录和普查信息(省国资委履行出资职责企业部分)。

省国税局、省地税局：负责提供污染源普查工作中全省纳税单位登记基本信息。

省工商局：负责提供全省企业和个体工商户等的注册登记信息。

省质监局：负责提供污染源基本单位中法人单位及其他组织机构、个体工商户统一社会信用代码(或组织机构代码)信息，提供承压锅炉、特种机械登记和使用信息。

省南水北调管理局：负责提供南水北调汉江中下游水文资料成果，配合做好汉江流域污染源专题调查及相关成果的分析、应用工作。

省测绘地理信息局：利用地理国情普查成果为污染源空间定位提供地理空间公共基底数据，配合做好普查名录库建库和相关普查成果分析、应用工作。

长江水利委员会：协助提供长江流域湖北境内水文水情资料，配合开展长江流域污染源专题普查工作。

长江航务管理局：负责提供长江干线船舶移动污染源基本单位名录和基本信息、营运船舶数据及船舶自动识别系统(AIS)数据，配合做好上述移动污染源普查及相关成果分析、应用工作。

中国铁路武汉局集团有限公司：负责提供湖北省境内内燃机移动污染源基本单位名录和基本信息，以及铁路内燃机车在用量、行驶里程、能耗等相关信息。

中国民用航空湖北省管理局：协助提供湖北省境内飞机移动污染源基本单位名录和基本信息，以及民用机场飞机起降架次和航油消耗信息，配合做好上述移动源普查及相关成果分析、应用工作。

附件 3　湖北省第二次全国污染源普查大事记

2017 年

1. 省人民政府对湖北省普查工作进行总体部署。 2017 年 8 月,湖北省人民政府印发《关于开展第二次污染源普查的通知》(鄂政电〔2017〕8 号),决定于 2017 年开展湖北省第二次全国污染源普查,并成立湖北省普查领导小组,湖北省副省长任组长,省人民政府副秘书长、环保厅厅长吕文艳、省统计局局长李克勤任副组长,成员由省委宣传部、发改委、经信委、公安厅、财政厅、国土资源厅、环保厅、住建厅、交通运输厅、水利厅、农业厅、林业厅、卫计委、地税局、工商局、质监局、南水北调办、测绘局、国税局和省军区保障局、长江水利委员会、长江航务管理局、武汉铁路局、民航湖北省管理局等部门及单位组成,环保厅副厅长周歆昕兼任湖北省普查领导小组办公室主任。通知明确了普查的目的和意义、普查的对象和内容、普查的时间安排、普查组织和实施、普查经费保障、普查工作要求 6 方面内容。

湖北省人民政府电报

发往见报头				签批王晓东	
等级 平急 密级		鄂政电〔2017〕8 号		机号	

省人民政府关于开展第二次污染源普查的通知

各市、州、县人民政府,省政府各部门:

根据《全国污染源普查条例》和《国务院关于开展第二次全国污染源普查的通知》(国发〔2016〕59 号)要求,省人民政府决定于 2017 年开展第二次全省污染源普查。现将有关事项通知如下。

一、普查目的和意义

污染源数据是重要的基础环境数据,污染源普查是重大的国情、省情调查,是环境保护的基础性工作。开展第二次全省污染源普查,全面掌握各类污染源的数量、行业和地区分布情况,了解主要污染物产生、排放和处理情况,建立健全重点污染源档案、污染源信息数据库和环境统计平台,对于准确判断我省当前环境形势,制定实施有针对性的经济社会发展和环境保护政策、

— 1 —

2018 年

2. 国家普查办专项指导湖北省普查工作。 2018 年 1 月,国家普查办副主任刘舒生、技术组副组长赵学涛等一行 5 人来湖北省调研污染源普查工作开展情况。调研组参加了湖北省第二次污染源普查工作座谈会,听取湖北省普查工作进展情况汇报,并进行相关业务培训。刘舒生指出,湖北省普查工作值得肯定,认识上政治站位高,各市(州)均成立了普查机构,落实了专班人员,办公条件和经费得到保障,方案编制、排污口清查等工作有序推进,尤其是仙桃市结合河湖长制协调水务部门统筹开展入河排污

口清查工作,效果很好。

3. 省人民政府办公厅印发省普查实施方案,对湖北省普查工作进行统一部署。 2018 年 3 月,省人民政府办公厅印发《湖北省第二次全国污染源普查实施方案》(鄂政办函〔2018〕19 号)(以下简称《方案》),对全省第二次全国污染源普查工作进行了安排部署。《方案》明确了普查的工作目标,普查时点、对象、范围和内容,普查技术路线及实施步骤,提出了普查组织、经费保障、质量管理等方面的要求,并结合湖北省实际,细化了省普查领导小组各成员单位的任务清单。

4. 省人民政府召开省普查工作电视电话会议,对湖北省普查工作进行专项部署。 2018 年 5 月,省人民政府召开全省第二次全国污染源普查工作电视电话会议,省人民政府相关领导和部普查工作办主任洪亚雄出席会议。会议指出,全国污染源普查是重大的国情调查,是环境保护的基础性工作。全省各级各部门要以习近平新时代中国特色社会主义思想为指引,齐心协力,精准实施,扎实推进,圆满完成湖北省第二次污染源普查各项任务,为保护长江生态环境、补齐生态环境短板和促进湖北省生态文明建设发挥积极作用;要全面掌握全省各类污染源情况,为准确判断湖北省环境形势提供支撑;要严格依法依规进行普查,确保普查的规范性和合法性;要加强普查数据质量管理,确保普查数据全面、真实、准确、可靠、有用,经得起实践和历史的检验;要充分发挥现代科技手段的作用,深化全省环境统计调查体系改革,形成更加科学的环境统计评价体系;要全面开发应用普查成果,坚持边普查、边应用,把普查成果及时利用起来,提高普查数据的适用性。洪亚雄在会议讲话中充分肯定了省委、省人民政府对普查工作的重视和湖北省所做的工作,对做好下一步工作提出指导性意见。

湖北省人民政府办公厅

鄂政办函〔2018〕19 号

省人民政府办公厅关于印发
湖北省第二次全国污染源普查实施方案的通知

各市、州、县人民政府,省政府有关部门:

《湖北省第二次全国污染源普查实施方案》已经省人民政府同意,现印发给你们,请认真组织实施。

2018 年 3 月 26 日

5. 国家普查办检查指导湖北省普查前期工作,加快推进清查工作。 2018 年 5 月,生态环境部信息中心总工程师魏斌、部普查工作办综合组副组长汪志峰等一行 4 人组成检查组,对湖北省污染源普查前期工作进行检查指导。检查组肯定了湖北省第二次全国污染源普查前期工作取得的成绩,尤其是对组织召开全省工作电视电话会、制度建设、组织培训、"两员"选聘管理、推进第三方机构参与、组织开展清查等方面给予高度评价。检查组先后赴襄阳、鄂州等地开展现场检查,鄂州市采取"市级统

筹、区级补充"的方式开展清查工作,有效进行名录增补、删减和汇总,枣阳市吴店镇由镇人民政府组织村委会进行清查工作,进度较快,填表规范,得到检查组的表扬。

6. 国家普查办抽查检查湖北省清查工作，助力清查数据质量提升。2018 年 7 月，部普查工作办副主任刘舒生带领国家普查办检查组，对湖北省污染源普查清查工作进行了抽查检查。在检查汇报会上，省生态环境厅副厅长李瑞勤表示，湖北省将以高度的责任感和严谨的工作态度，全力配合检查组开展检查工作。会后，国家普查办检查组查阅了湖北省清查工作档案资料，先后赴武汉市、黄冈市开展现场检查，并下沉基层，抽检了武汉市洪山区、黄陂区、

蔡甸区、黄冈市英山县、麻城市、武穴市等 6 个县（市、区），国家普查办检查组肯定了湖北省的清查工作，指出了存在的问题，提出了具体整改要求。

7. 省人民政府召开第二次省普查工作推进电视电话会议，对普查工作进行全面部署。2018 年 8 月，省人民政府召开全省第二次全国污染源普查工作推进电视电话会议，省人民政府相关领导出席会议并发表重要讲话，指出当前在全力打好污染防治攻坚战的同时，省人民政府又打响了长江大保护十大标志性战役，要确保决战决胜，首先一条就是要摸清家底，如果是家底都不清楚，那只能打乱仗；污染源普查工作，事关湖北长远发展，对加快推进生态文明和美丽湖北建设，补齐全面建成小康社会生态环境短板具有重要意义，各地各部门要切实提高政治站位，把思想和行动统一到党中央国务院和省委、省人民政府的决策部署上来，进一步增强责任感、使命感和紧迫感。省普查领导小组副组长、省环保厅厅长吕文艳对深入

推进国家普查办检查组反馈问题整改和做好全面普查阶段工作进行部署安排。

8. 国家普查办调研湖北省普查入户调查工作，指导湖北省强化入户调查数据审核。2018 年 10 月，国家普查办调研组在湖北省武汉市召开污染源普查入户调查调研座谈会，部普查工作办主任洪亚雄出席并主持会议。省环保厅副厅长李国斌汇报了湖北省入户调查工作情

况，省农业厅污普负责人汇报了全省农业污染源普查情况，洪亚雄充分肯定了湖北省前一阶段的污染源普查工作。

9. 生态环境部调研湖北省普查工作进展，对普查工作提出新的要求。2018 年 11 月，生态环境部副部长赵英民到湖北省调研普查工作，省普查领导小组组长、副省长和省普查领导小组副组长、省环保厅厅长吕文艳陪同调研，吕文艳汇报了湖北省第二次全国污染源普查全面普查阶段工作情况。赵英民对湖北省委、省人民政府高度重视第二次全国污染源普查和入户调查进展予以充分肯定，强调普查工作已进入精细化阶段，要更加重视对污

染源的源头、排放物、排放渠道、排放量等方面的彻底全面清查,强化填报数据的审核工作,确保普查工作质量。要进一步加快入户调查进度,按时完成普查任务。同时,要注重推动普查成果转化,助力打好防治污染攻坚战,助力湖北经济高质量发展。

2019 年

10. 部普查工作办调研湖北省内外网数据系统并网融合试行工作,解决湖北省普查数据丢失等问题。2019 年 3 月,部普查工作办技术组组长赵学涛等一行 6 人赴湖北省调研内外网数据系统并网融合试行工作,并组织召开调研座谈会。座谈会上,调研组听取了湖北省开展内外网数据系统并网融合试行情况、存在问题及建议,并现场研究和解决数据丢失、数据重复、系统卡顿、短信网关等方面的问题,找回丢失数据信息 2400 多条,删除重复数据 100 多条。

赵学涛在讲话中充分肯定了湖北省在内外网数据系统并网融合试行中所做的大量工作,以及在数据质量审核和完善方面所取得的成效。

11. 部普查工作办专题调研湖北省普查档案管理及保密工作,征求湖北省档案管理建议。2019 年 6 月,部普查工作办综合组副组长汪志峰等一行 4 人到湖北开展档案管理和保密工作专题调研,省生态环境厅二级巡视员吴剑山、普查工作办副主任邓楚洲及厅综合处有关人员陪同。调研组深入了解湖北省第二次污染源普查档案管理、保密工作开展情况,征求湖北省对普查档案管理、保密管理培训的意见和建议,总结和推广普查档案管理先进经验,并召开调研座谈会。汪志峰在座谈会上指出,湖北省普查工作提前统筹,提早部署,档案规范化管理走在全国前列。汪志峰对普查档案整理及后期验收提出指导意见,要求进一步加强统筹,均衡推进,促进全省普查档案和保密工作再上新台阶,为全国普查档案规范化管理和保密管理贡献湖北经验。

12. 国家普查办对湖北省开展普查质量核查评估工作。2019 年 8 月,国家普查办第十四质量核查组一行 9 人,到湖北省开展污染源普查质量核查。工作汇报会上,核查组组长、生态环境部环境工程评估中心副主任王冬朴强调了污染源普查工作的重要性,介绍了质量核查工作的总体安排、核查内容及核查方式,并现场宣布武汉市和宜昌市为此次核查区域。省生态环境厅党组成员、总工程师周水华汇报了湖北省普查工作整体情况,省农业农村厅农业源推进组负责人汇报了全省农业源普查工作情况,省统计局等主要成员单位分别汇报了相关工作情况。会后,核查组即赴省普查办及武汉市、宜昌市开展质量核查,对湖北省普查质量进行评估。核查组向湖北省反馈核查意见,充分肯定了湖北省的污染源普查工作,认为组织到位,质量较好,关键指标差错率为1.53%,优于1.57%的全国平均水平。

13. 湖北省普查工作通过国家普查办第三方独立评估。2019年10月,根据国家普查办安排,中节能中咨环境投资管理有限公司王郑扬带队的省级第三方评估组一行9人,对湖北省污染源普查工作开展了第三方评估,并召开评估工作反馈会。根据评估组反馈意见,湖北省"普查组织实施""经费保障""普查质量管理"三大指标的16个评分项基本满分,说明湖北省普查管理工作情况到位。在普查数据质量方面,评估组组长王郑扬表示,整体排查结果相对优秀,相对于有些省份是做得较好。评估组建议,下一步,湖北省应进一步核实地理坐标信息,在普查基表填报分类上应加强指导。周水华表示,我们对评估组提出的问题和建议诚恳接受,立行立改;要以落实责任为重点,持续加强组织领导;以问题整改为抓手,切实做好查漏补缺;以目标任务为导向,认真完成后续工作,按照国家要求保质保量完成普查任务。

14. 部普查工作办调研湖北省普查成果数据库系统开发和应用需求。2019年10月,部普查工作办技术组副组长朱琦等一行4人到湖北省开展普查成果数据库系统开发和应用需求调研,并召开座谈会。座谈会上,朱琦副组长介绍了国家普查办普查成果数据库系统开发和应用的思路,省普查办负责人介绍了湖北省普查成果数据库系统开发进展和成果应用情况,省环境信息中心介绍了湖北省网络系统平台配置和对数据库系统开发的建议,省普查网络信息系统开发技术支持单位演示了湖北省自

主开发的普查成果应用软件,展示了全省普查地理空间信息图系统"一张图",得到积极评价。

15. 湖北省在全国普查成果技术报告编制培训班进行先进经验交流。 2019年12月,国家普查办在郑州举办普查成果技术报告编制培训班,国家普查办有关领导和专家系统解读了系统解读了普查公报的内容、审核方法和报送流程、普查技术分析和污染源普查文件材料整理归档有关问题释疑,并对下一步数据审核、成果总结材料修改完善、总体验收和表扬等工作进行了部署。培训班上,厅普查工作办副主任邓楚洲作普查工作及成果总结材料编制经验交流,系统介绍了湖北省普查工作成果、做法、亮点和经验。

2020 年

16. 湖北省普查工作圆满通过国家普查办验收。 2020年6月,国家普查办召开视频会议,对湖北省第二次全国污染源普查工作开展验收。会议由部普查工作办宣传组副组长汪震宇主持,验收组充分肯定了湖北省普查工作,认为湖北省严格按照国务院普查方案要求,摸清了全省各类污染源普查对象和污染物总量、结构和分布情况,普查成果得到了应用,很好地支持了相关生态环境管理工作。与会专家表示,湖北省提交的验收材料和工作汇报内容详尽、文本规范。对

于下一步普查工作,验收组建议进一步完善验收资料,做好工作总结和普查成果应用,为"十四五"生态环境保护规划编制、排污许可和环统的各项工作提供支持,最大限度地发挥普查数据应有的价值。周水华发言时强调,对验收组提出的问题和建议照单全收,全面整改落实,并表示进一步统筹做好新新冠肺炎疫情防控和普查工作,及时解决工作中遇到的困难和问题,克服疫情影响,抓紧完成普查公报发布、舆情应对、普查表扬和档案归档移交等工作任务,实现普查工作圆满收官,为污染防治攻坚战、经济社会高质量发展、"十四五"生态环境保护规划、长江经济带绿色发展、环境精细化管理等提供有效支撑和服务。2020年9月,国家普查办下达了《关于通过第二次全国污染源普查工作验收的通知》(国污普〔2020〕4号),认为湖北省已经按要求完成普查工作,文件资料符合要求,同意通过验收。

加急

国务院第二次全国污染源普查领导小组办公室 文件

国污普〔2020〕5号

关于表扬第二次全国污染源普查
表现突出的集体和个人的决定

湖北省第二次全国污染源普查领导小组办公室：

在党中央、国务院的统一领导下，在地方各级政府和各有关部门的积极组织和大力支持下，全国各级普查机构和普查人员充分发扬习近平总书记要求的"政治强、本领高、作风硬、敢担当、特别能吃苦、特别能战斗、特别能奉献"的生态环保铁军精神，不忘初心、牢记使命、共同拼搏、攻坚克难，历时三年圆满完成了第二次全国污染源普查工作，为加强污染源监管、改善环境质量、防控环境风险、服务环境与发展综合决策提供了重要依据。

— 1 —

17. 国家普查办对湖北省普查机构、个人和编制的技术报告、专题报告进行表扬。2020年5月，国家普查办印发《关于开展第二次全国污染源普查表扬工作的通知》（国污普〔2020〕3号），组织开展普查表扬工作。2020年9月，国家普查办下《关于表扬第二次全国污染源普查表现突出的集体和个人的决定》（国污普〔2020〕5号），湖北省68个普查机构和有关单位被评为全国表现突出的集体，261个普查人员被评为全国表现突出的个人，3本技术报告被评为全国优秀技术报告，1本专题报告被评为全国优秀专题报告。

18.《湖北省第二次全国污染源普查公报》经报省政府批准发布。2020年11月，省生态环境厅联合省统计局、农业农村厅发布了《湖北省第二次全国污染源普查公报》（公告2020年第4号）。

2021 年

19. 湖北省召开省普查领导工作总结视频会议。2021年4月，湖北省普查工作总结视频会议在武汉召开，省普查领导小组副组长、省生态环境厅党组书记、厅长吕文艳出席会议并讲话。会议主要任务是全面贯彻党的十九届五中全会和省委十一届八次全会精神，深入贯彻习近平生态文明思想，认真总结全省普查工作取得的成绩，切实推进普查成果开发应用，有力支撑深入打好污染防治攻坚

战，助推长江大保护和湖北高质量发展。会议充分肯定了普查取得的丰硕成果：一是摸清生态环境家底。这次普查全面查清了全省工业源、农业源、生活源、集中式污染治理设施和移动源的数量、行业、流域、区域分布情况。二是建立生态环境账本。建成了全省普查数据信息库系统，录入普查报表11万多套、49万多份，主要数据267多万个，可对普查数据在线录入、存储、检索、查询和汇总。湖北省普查档案管理与普查主体工作同步部署、实施、调度和验收，成效显著。三是助力生态环境管理。结合生态环境重点工作，在依法依规保护普查对象敏感信息的基础上，湖北省坚持边查边用，查用结合，以用促审，探索性开展普查成果应用开发，提供数据和技术支持加强污染源监管，开展重点地区环境监管帮扶、排污许可证核发、环境风险排查、武汉军运会环境质量保障、重点流域区域污染防治、构建全省高清晰度大气污染源清单、长江生态环境大普查等生态环境保护重点工作，支持国家审计部门开展农业源管理责任审计，省财政部门开展流域生态补偿研究。四是壮大生态环境队伍。全省共成立普查机构219个，各级普查领导小组

成员单位2927个,技术支持单位328个,动员普查人员11099人,形成以普查机构工作人员为核心、技术单位为支撑、"两员"为骨干力量的普查队伍。会议指出普查工作主要三个特点:一是政府主导、分级负责、协同高效完成普查任务;二是质量第一,严格把控,数据指标始终走在前列;三是争取试点,争先创优,多次提供湖北经验参考。会议强调,要认识普查数据反映的环保重大成效。一是经济社会高速发展,产业结构不断优化。二是平均能耗和污染物单位排放强度降幅明显。三是工业行业治污能力和处理效率显著提升,污染物排放总量大幅下降。四是集中式污染治理设施数量增长明显,处理能力大幅提升。会议要求,高度重视普查数据的开发应用。要将普查数据的开发应用与学习贯彻党的十九届五中全会和省委八次全会精神相结合,坚持以习近平生态文明思想为指导,落实韩正副总理和生态环境部主要领导关于做好普查成果应用的指示精神,深入挖掘普查数据价值,拓展普查成果开发应用的广度和深度,为"十四五"时期深入打好湖北省污染防治攻坚战、推动长江大保护和经济高质量发展提供重要决策支撑。一是要更好服务经济高质量发展。进一步归纳总结普查数据的规律和趋势性成果,充分挖掘普查数据蕴含的污染源与经济社会发展之间关系的信息,为"十四五"乃至未来一个时期研究制定有针对性的经济社会发展和生态环境保护政策、规划提供基础依据。二是要助力科学、精准、依法治污。这次普查结果诠释了十年来尤其是党的十八大以来生态环境保护取得的历史性成就和发生的历史性变革,但也揭示了当前生态环境保护存在的薄弱环节,全省污染物排放量总体处于较高水平,不同区域、流域、行业的污染物排放强度差异较大,不同污染源对污染物排放的贡献差异明显。三是要推动构建现代化环境治理体系。普查成果为固定污染源排污许可清理整顿和发证登记等亮点工作提供了重要数据来源。

附表 1

湖北省普查机构基本情况汇总

地区	成立普查机构数量/个	普查领导小组成员单位数量/个	召开普查领导小组会议次数/次	召开普查领导小组办公室会议次数/次	普查工作办公室人数/名		
					专职人员	兼职人员	合计
省级	2	24	2	20	9	2	11
武汉市	16	358	56	90	72	252	324
黄石市	16	117	19	50	37	28	65
十堰市	22	218	29	69	74	19	93
宜昌市	15	351	49	188	85	23	108
襄阳市	13	263	32	69	61	28	89
鄂州市	4	82	17	60	20	4	24
荆门市	8	238	23	178	50	97	147
孝感市	14	166	28	69	38	13	51
荆州市	11	230	30	59	54	56	110
黄冈市	13	320	38	57	56	42	98
咸宁市	20	199	16	79	44	29	73
随州市	8	53	8	15	17	8	25
恩施州	13	221	21	54	45	54	99
仙桃市	18	21	14	24	9	223	232
潜江市	24	21	4	10	7	0	7
天门市	1	18	2	6	5	0	5
神农架林区	1	27	1	6	3	0	3
合计	219	2927	389	1103	686	878	1564

附表 2

湖北省普查员和普查指导员选任情况汇总

地区	普查员/名			普查指导员/名			合计/名	其他人员/名
	农业源	工业源及其他源	小计	农业源	工业源及其他源	小计		
省级	0	0	0	314	371	685	685	0
武汉市	82	1606	1688	13	425	438	2126	2047
黄石市	28	416	444	15	161	176	620	456
十堰市	107	459	566	36	239	275	841	1021
宜昌市	270	506	776	57	183	240	1016	545
襄阳市	174	547	721	33	120	153	874	103
鄂州市	0	53	53	0	51	51	104	396
荆门市	40	285	325	42	74	116	441	189
孝感市	33	380	413	25	79	104	517	6
荆州市	65	500	565	12	82	94	659	457
黄冈市	347	730	1134	36	205	241	1375	117
咸宁市	106	277	383	18	49	67	450	182
随州市	19	122	141	9	67	76	217	120
恩施州	142	405	547	26	138	164	711	30
仙桃市	48	76	124	22	36	58	182	349
潜江市	21	79	100	2	18	20	120	40
天门市	0	108	108	3	10	13	121	880
神农架林区	4	24	28	2	10	12	40	0
合计	1486	6573	8116	665	2318	2983	11099	6938

附表 3

湖北省普查培训工作开展情况

地区	培训时间范围	培训次数/次	培训内容	参训人数/人次	合格人数/人
省级	2017.9—2019.11	24	普查方案解读、清查技术规定解读、普查制度解读、"两员"培训、普查小区划分方法、普查报表填报指导、重点企业报表填报指导、产排污核算、数据审核方法、数据管理、数据对接评估、统计法律法规知识、廉政和依法普查知识等	13995	13995
武汉市	2018.3—2019.9	78	清查技术规定、"五类源"调查技术要求、非工业锅炉清查、动员培训会入户调查培训、工业污染源普查技术培训、普查表格填报内容的培训等	4169	4169
黄石市	2017.11—2019.9	62	普查技术要求、普查数据处理技术、普查档案整理与管理等	4479	4396
十堰市	2018.3—2019.7	50	普查方案解读、清查技术规定解读、普查制度解读、"两员"培训、普查小区划分方法、普查报表填报指导、重点企业报表填报指导、产排污核算、普查软件应用、数据审核方法、档案管理等	3170	3170
宜昌市	2018.3—2019.7	98	普查方案解读、清查技术规定解读、普查制度解读、产排污核算、普查软件应用、数据审核方法、工作报告编写、档案管理等	5882	5882
襄阳市	2018.5—2019.8	41	普查方案解读、清查技术规定解读、普查制度解读、产排污核算、普查软件应用、数据审核方法、技术报告编写、档案管理等	2108	2087
鄂州市	2017.9—2019.10	14	普查方案解读、清查技术规定解读、普查制度解读、产排污核算、普查软件应用、数据审核方法、技术报告编写、档案管理等	2910	2910
荆门市	2017.11—2019.8	62	"两员"培训、普查技术规定、清查技术规定解读、普查制度解读、产排污核算、普查软件应用、数据审核方法、技术报告编写、档案管理等	2820	2820
孝感市	2017.12—2019.9	70	普查报表填报、清查技术规定解读、数据质量审核、普查制度解读、档案管理、"两员"培训、农业源普查等	2092	292
荆州市	2017.12—2019.9	89	普查方案解读、清查技术规定解读、普查制度解读、产排污核算、普查软件应用、数据审核方法、技术报告编写、档案管理等	4714	4714

续表

地区	培训时间范围	培训次数/次	培训内容	参训人数/人次	合格人数/人
黄冈市	2017.11—2019.9	61	普查技术要求、普查数据处理技术、普查档案整理与管理等	4058	4056
咸宁市	2018.11—2019.9	41	解读普查方案、清查技术规定、普查制度和技术规定、产排污核算方法、普查软件应用、技术报告编写方法、档案管理实施细则和质量核查、评估方法等	1531	1520
随州市	2018.5—2019.9	17	普查实施方案、清查技术规定、普查制度、产排污核算、数据审核、档案管理等	701	691
恩施州	2017.12—2019.10	54	"两员"培训选聘、普查方案解读、清查技术规定解读、普查制度解读、产排污核算、普查软件应用、数据审核方法、技术报告编写、档案管理等	2306	2229
仙桃市	2018.5—2018.12	14	普查方案解读、清查技术规定解读、普查制度解读、数据审核、普查软件应用等	166	166
潜江市	2018.4—2019.3	32	普查方案解读、清查技术规定解读、普查制度解读、产排污核算、普查软件应用、数据审核方法、技术报告编写、档案管理等	1350	1350
天门市	2018.6—2019.6	6	"两员"培训、入户技术培训、普查报表填报培训、档案管理培训等	726	726
神农架林区	2018.6—2019.7	4	普查方案解读、清查技术规定解读、普查制度解读、普查软件应用、产排污核算、技术报告编写、档案管理等	28	27
湖北省	2017.9—2019.9	776		57205	57000

附表 4

湖北省普查宣传工作情况统计

地区	报刊 /条	普查专栏 /个	工作简报 /期	网站网页 /个	会议专题 /个	宣传标语 /幅	海报 /幅	宣传画 /幅	公开信 /份	户外广告 /个	小视频 /个	其他
省级	5	2	37	2	52	200	1300	0	1000	5	1	宣传手册、宣传展板、微博、微信公众号在世界环境日开展普查宣传活动、组织普查征文
武汉市	31	178	97	16	36	1613	5610	3417	38744	7037	0	微博直播4次、电视访谈1次、微信公众号发15次专题宣传、宣传册27000份
黄石市	30	60	16	108	93	32	1543	7733	5706	16250	165	1.黄石电视台播出专题新闻7次；2.向市民群发普查短信4次、20万条；3."生态黄石"微信公众号、"东楚风S"App等推送70余次；4.公交电视、出租车载动字幕车载宣传持续半年；5.印制《黄石市第二次全国污染源普查知识手册》5000册全市范围发放；6.世界环境日公益活动、微信H5普查有奖问答活动等线下活动宣传；7.全市范围内推广"最美普查人"评选活动
十堰市	45	9	105	24	27	2495	4030	7490	4560	451	1	短信3万余条
宜昌市	9	4	280	10	33	194	4453	479	33420	166	6	微信公众号2个、手机短信3万余条；开展"不忘初心、牢记使命谱华章"主题演讲比赛
襄阳市	1	11	76	85	21	735	6788	5321	14347	15	3	市级：大型宣传活动2次、新闻报道3次、发放宣传资料1000份、普查宣传小饰品300个。县级：新闻视频宣传7次、大型宣传活动2次
鄂州市	5	3	10	20	30	60	500	0	5000	0	1	印发了宣传方案；短信65000条、政协会议、《中国环境报》发文、印logo包、致普查对象一封信
荆门市	15	25	50	15	42	456	1013	1992	5204	220	4	电视台三个频道每天滚动播出普查宣传片

续表

地区	报刊/条	普查专栏/个	工作简报/期	网站网页/个	会议专题/个	宣传标语/幅	海报/幅	宣传画/幅	公开信/份	户外广告/个	小视频/个	其他
孝感市	3	2	111	3	20	407	700	2	6000	7	5	"两员"统一着装（统一标识的帽子、马甲、手提包、笔记本)400余套、宣传手册5000册、微信网页宣传1篇
荆州市	11	11	227	6	33	563	1120	914	2607	63	2	宣传手册2003份
黄冈市	44	45	207	92	11	407	725	4917	7801	65	2	宣传手册1200份、普查宣传帆布文件袋400个、普查宣传马甲25件、普查宣传帽子25个
咸宁市	3	5	76	6	32	197	266	4338	5100	106	1	1.使用高速路口、公园、人民广场等大型LED屏播放宣传片、宣传图片；2.在报纸、政府、环保局官网刊登普查工作信息、致普查对象的一封信；3.在"云上咸宁"App设置专栏，及时发布咸宁市普查工作进展；4.在咸宁电视台播放普查图片，在8个卫视频道全天候滚动播放普查宣传标语；5.在电视台播车播放普查视频宣传片；6.使用移动源出租车播放普查标语；7.在各小区、街道、乡镇粘贴海报、拉横幅
随州市	4	1	41	0	2	48	100	100	1000	0	2	
恩施州	12	10	78	6	32	424	346	1180	17800	36	13	宣传手册9500份；州电视台1期；发送短信11024条
仙桃市	0	8	0	0	0	693	288	32	2	0	0	
潜江市	3	1	29	1	3	286	1000	1000	4000	1	4	宣传手册、宣传视频
天门市	0	0	13	0	0	150	2000	0	800	0	0	
神农架林区	0	2	1	1	1	5	50	30	300	80	5	
合计	221	377	1454	395	468	8965	31832	38945	153391	24502	215	